高等职业院校水务管理专业"十三五"规划教材

固体废物处理技术

主　编　马焕春　熊　鹰
副主编　吴丽君　尹雪娇　周　坤　胡冬娜
主　审　柳顺海

西南交通大学出版社
·成都·

内 容 简 介

　　本书是根据高职高专环境类专业教材的基本要求以及重庆市骨干高等职业院校建设计划水务管理重点建设专业及专业群人才培养方案要求，按照水环境监测与评价课程标准编写完成的。内容紧密结合固体废物治理行业、企业岗位对高技能人才的实际需求，突出了教材的工程实用性和实践性。

　　本书内容包括：知识引入，固体废物样品的预测与采集，固体废物的收集、运输及中转，固体废物的预处理，固体废物的热处理，固体废物的生物处理，危险废物固化与稳定化，固体废物的处理与资源化，固体废物的填埋处置等。

　　本书可作为环境保护专业应用型、技术技能型人才培养教学用书，也可作为从事固体废物治理行业、企业及固体废物处理厂站运行操作和管理岗位技术人员的培训教材及参考书。

图书在版编目（CIP）数据

　　固体废物处理技术 / 马焕春，熊鹰主编. —成都：
西南交通大学出版社，2016.12
　　高等职业院校水务管理专业"十三五"规划教材
　　ISBN 978-7-5643-5156-4

　　Ⅰ. ①固… Ⅱ. ①马… ②熊… Ⅲ. ①固体废物处理
－高等职业教育－教材 Ⅳ. ①X705

　　中国版本图书馆 CIP 数据核字（2016）第 298044 号

高等职业院校水务管理专业"十三五"规划教材

固体废物处理技术

主编　马焕春　熊　鹰

责 任 编 辑	牛　君
特 邀 编 辑	姚自然
封 面 设 计	何东琳设计工作室
出 版 发 行	西南交通大学出版社 （四川省成都市二环路北一段 111 号 西南交通大学创新大厦 21 楼）
发 行 部 电 话	028-87600564　028-87600533
邮 政 编 码	610031
网　　　址	http://www.xnjdcbs.com
印　　　刷	四川森林印务有限责任公司
成 品 尺 寸	185mm×260 mm
印　　　张	14.5
字　　　数	292 千
版　　　次	2016 年 12 月第 1 版
印　　　次	2016 年 12 月第 1 次
书　　　号	ISBN 978-7-5643-5156-4
定　　　价	36.00 元

前　言
PREFACE

　　本书是根据《教育部关于全面提高高等职业教育教学质量的若干意见》（教高〔2006〕16号）、《教育部关于推进高等职业教育改革创新　引领职业教育科学发展的若干意见》（教职成〔2011〕12号）和重庆市教育委员会、重庆市财政局《关于进一步推进"市级示范性高等职业院校建设计划"实施市级骨干高职院校建设项目的通知》等文件精神，由重庆水利电力职业技术学院市级骨干高等职业院校建设项目水务管理专业群"固体废物处理技术"课程组组织编写而成的环保类高职高专教材。

　　本书以固体废物处理与处置的基本原理、技术方法为突破口，系统介绍了固体样品的预测与采集，固体废物的收集、运输及中转，固体废物的预处理，固体废物的热处理，固体废物的生物处理，危险废物固化与稳定化，固体废物的处理与资源化，固体废物的填埋处置等知识。

　　本教材力求概念清晰，处理方法明了，理论上以适度够用为度，不苛求学科的系统性和完整性，力求结合专业培养技能，突出实用性，体现高等职业技术教育的特点，以学生为本，以培养学生应用能力为主线，以工作任务为载体，融"教、学、练、做"为一体。

　　参加本书编写的人员分工如下：马焕春（重庆水利电力职业技术学院）编写项目二、项目八，熊鹰（重庆水利电力职业技术学院）编写项目六，尹雪娇（重庆水利电力职业技术学院）编写知识引入、项目一，胡冬娜（重庆水利电力职业技术学院）编写项目五，周坤（重庆水利电力职业技术学院）编写项目七，吴丽君（重庆化工职业学院）编写项目三、项目四，全书由马焕春统稿。本书由马焕春、熊鹰担任主编，重庆市渝西水务公司柳顺海担任主审，对本书提出很多宝贵意见和建议，在此谨向所有参编老师和主审老师表示感谢。

　　由于时间及编者水平有限，书中疏漏之处在所难免，欢迎专家、学者及广大读者批评指正。

编者

2016 年 6 月

目 录
CONTENTS

认识固体废物

◆ 学习目标 ◆

（1）了解固体废物的定义、分类方法及标准。
（2）了解固体废物的理化特征。
（3）了解固体废物的产生、环境污染问题及处理现状。
（4）了解我国固体废物的管理体系。

◆ 基础知识 ◆

一、固体废物的定义和分类

（一）固体废物的定义

《中华人民共和国固体废物污染环境防治法》（以下简称《固废法》）中明确提出固体废物的法律定义：固体废物（solid wastes）是指在生产、生活和其他活动中产生的丧失原有利用价值或者虽未丧失利用价值但被抛弃或者放弃的固态、半固态和置于容器中的气态的物品、物质以及法律、行政法规规定纳入固体废物管理的物品、物质。

固体废物处理（treatment of solid wastes）是通过物理、化学、生物等不同方法，使固体废物转化为适于运输、储存、资源化利用以及最终处置的一种过程。固体废物的物理处理包括破碎、分选、沉淀、过滤、离心等处理方式，其化学处理包括焚烧、焙烧、浸出等处理方法，生物处理包括好氧和厌氧分解等处理方式。

固体废物处置（disposal of solid wastes）是指最终处置或安全处置，是解决固体废物的归宿问题，如堆置、填埋、海洋投弃等。

（二）固体废物的分类

固体废物的分类方法有多种，按其组成可分为有机废物和无机废物；按其形态可分为固态废物、半固态废物、液态和气态废物；按其污染特性可分为一般废物和危险废物等。《固废法》中把固体废物分为城市生活垃圾、工业固体废物和危险废物三大类。但《固废法》并未把农业固体废物列入其中。

危险废物的特性通常包括急性毒性、易烧性、反应性、腐蚀性、浸出毒性和疾病传染性等。根据这些性质，各国均制定了自己的鉴别标准和危险废物名录。我国制定有《国家危险废物名录》和《危险废物鉴别标准》。

固体废物的具体分类、来源和主要组成物见表 0-1。

表 0-1　固体废物分类、来源、组成物

分类	来源	主要组成物
城市生活垃圾	居民生活	指家庭日常生活过程中产生的废物。如食物垃圾、纸屑、衣物、庭院修剪物、金属、玻璃、塑料、陶瓷、炉渣、灰渣、碎砖瓦、废器具、粪便、杂品、废旧电器等
	商业、机关	指商业、机关日常工作过程中产生的废物。如废纸、食物、管道、碎砌体、沥青及其他材料、废汽车、废电器、废器具，含有易爆、易燃、腐蚀性、放射性的废物，以及类似居民生活栏内的各种废物
	市政维护与管理	指市政设施维护和管理过程中产生的废物。如碎砖瓦、树叶、金属、锅炉灰渣、污泥、脏土等
工业固体废物	冶金工业	指各种金属冶炼和加工过程中产生的废弃物。如高炉渣、钢渣、铜铅铬汞渣、赤泥、废矿石、烟尘、各种废旧建筑材料等
	矿业	指各类矿物开发、加工利用过程中产生的废物。如废矿石、煤矸石、粉煤灰、烟道灰、炉渣等
	石油与化学工业	指石油炼制及其产品加工、化学工业产生的固体废物。如废油、浮渣、含油污泥、炉渣、碱渣、塑料、橡胶、陶瓷、纤维、沥青、油毡、石棉、涂料、化学药剂、废催化剂和农药等
	轻工业	指食品工业、造纸印刷、纺织服装、木材加工等轻工部门产生的废弃物。如各类食品糟渣、废纸、金属、皮革、塑料、橡胶、布头、线、纤维、染料、刨花、锯末、碎木、化学药剂、金属填料、塑料填料等
	机械电子工业	指机械加工、电器制造及其使用过程中产生的废弃物。如金属碎料、铁屑、炉渣、模具、砂芯、润滑剂、酸洗剂、导线、玻璃、木材、橡胶、塑料、化学药剂、研磨料、陶瓷、绝缘材料以及废旧汽车、冰箱、微波炉、电视和电扇等

续表

分类	来源	主要组成物
工业固体废物	建筑工业	指建筑施工、建材生产和使用过程中产生的废弃物。如钢筋、水泥、黏土、陶瓷、石膏、石棉、砂石、砖瓦、纤维板等
	电力工业	指电力生产和使用过程中产生的废弃物。如煤渣、粉煤灰、烟道灰等
农业固体废物	种植业	指作物种植生产过程中产生的废弃物。如稻草、麦秸、玉米秸、根茎、落叶、烂菜、废农膜、农用塑料、农药等
	养殖业	指动物养殖生产过程中产生的废弃物。如畜禽粪便、死禽死畜、死鱼死虾、脱落的羽毛等
	农副产品加工业	指农副产品加工过程中产生的废弃物。如畜禽内容物、鱼虾内容物、未被利用的菜叶、菜梗和菜根、秕糠、稻壳、玉米芯、瓜皮、果皮、果核、贝壳、羽毛、皮毛等
危险废物	核工业、化学工业、医疗单位、科研单位等	指来自于核工业、核电站、化学工业、医疗单位、制药业、科研单位等产生的废弃物。如放射性废渣、粉尘、污泥等，医院使用过的器械和产生的废物、化学药剂、制药厂药渣、废弃农药、炸药、废油等

二、固体废物的物理及化学特征

（一）固体废物的物理特性

固体废物的物理特征一般指下列四种性质：物理组成、粒径、含水率、容积密度（bulk density）。

1. 物理组成

城市固体废物的组成很复杂。其物理组成受到多种因素的影响，如自然环境、气候条件、城市发展规模、居民生活习性（食品结构）、家用燃料（能源结构）以及经济发展水平等都对其有不同程度的影响。故各国、各城市甚至各地区产生的城市垃圾组成都有所不同。一般来说，工业发达国家垃圾成分是有机物多，无机物少；不发达国家无机物多，有机物少；南方城市较北方城市有机物多，无机物少。

2. 粒　径

对于固体废物的前处理，如筛选或磁力分离，废物粒径大小住往是一个重要

· 3 ·

参数。它决定了使用设备规格或容量，尤其对于可资源回收再利用的废物，粒径特性更显得重要。通常粒径的表达方式是以粒径分布表示。因废物组成复杂且大小不等，很难以单一大小来表示，况且几何形状也不一样，因此，只能通过筛网的网目代表其大小。

3. 含水率

含水率定义为：废物在（105±1）℃下烘干 2 h（依水分含量而定）后所失去的水分量，烘干至恒重①或最后两次称量之差小于法定值，否则需再烘干。此值常以单位质量的样品所含水的质量分数表示，即

$$含水率（\%）= \frac{最初质量-烘干后质量}{最初质量} \times 100\% \hspace{2cm} （0-1）$$

4. 容积密度

容积密度也称容重。废物密度为决定运输或贮存容积的重要参数。由于废物组成成分复杂，其求法是以各组分的平均值来计算，如表 0-2 所示。

表 0-2 容积密度

废物组成	质量/kg	个别密度/（kg/m^3）	体积/m^3	废物组成	质量/kg	个别密度/（kg/m^3）	体积/m^3
食品废物	150	290	0.52	庭院修剪物	100	105	0.95
纸张	459	85	5.29	木材	50	240	0.21
纸板	100	50	2.00	金属空罐	50	90	0.56
塑料	100	65	1.54	总量	1000	—	11.07

则该废物的平均容积密度为

$$容积密度 = \frac{1000}{11.07} = 90.33 (kg/m^3)$$

（二）固体废物的化学特性

固体废物的化学性质主要包括以下项目：挥发分、灰分、固定碳、闪火点与燃点、热值（或燃烧热值）、灼烧损失量、元素成分、毒性浸出性质。

通常将水分、可燃分（挥发分+固定碳）与灰分合称三成分，而将水分、挥发

---

① 注：①实为质量，包括后文的容重，重量，称重，干重等。但现阶段在农、林、生化、环保等行业的生产和科研实践中一直沿用，为使学生了解、熟悉本行业实际，本书予以保留。——编者注

分、固定碳与灰分合称四成分。主要分析项目包括水分、挥发分、固定碳、灰分与发热值五项。

1. 挥发分

挥发分指物体在标准温度试验时，呈气体或蒸气而散失的量。ASTM 试验法是将定量样品（已除去水分）置于已知重量的铂金坩埚内，于无氧燃烧室内加热至（600±20）℃所散失的量。

2. 灰　分

对垃圾进行分类，将各组分破碎至 2 mm 以下，取一定量在（105±5）℃下干燥 2 h，冷却后称重，再将干燥后的样品放入电炉中，在 800 ℃下灼烧 2 h，冷却后再在（105±5）℃下干燥 2 h，冷却后称重。

3. 固定碳

固定碳是指除去水分、挥发性物质及灰分后的可燃烧物。

4. 闪火点与燃点

缓慢加热废物至某一温度，如出现火苗，即闪火而燃烧，但瞬间熄灭，此温度称为闪火点。但如果温度继续升高，其所发生的挥发组分足以继续维持燃烧，而火焰不再熄灭，此时的最低温度称为着火点或燃点。

5. 热　值

热值（或发热值）为表示废物燃烧时所放出的热量，用以考虑计算焚化炉的能量平衡及估算辅助燃料所需量。垃圾的热值与含水率及有机物含量、成分等关系密切，通常有机物含量越高，热值越高；含水率越高，则热值越低。垃圾的热值又分为高位热值和低位热值。高位热值是垃圾单位干重的发热量；低热值是单位新鲜垃圾燃烧时的发热量，又称有效发热量、净发热值。低位热值=高位热值-水分凝结热。典型废物的热值如表 0-3 所示。

表 0-3　典型废物的热值

成分	单位热值/（MJ/kg）	成分	单位热值/（MJ/kg）
食品废物	4.60	庭园修剪物	6.70
纸张	16.7	木材	18.8
纸板	16.3	玻璃	0.167

成分	单位热值/（MJ/kg）	成分	单位热值/（MJ/kg）
塑胶	32.6	金属罐头	0.837
纺织品	17.6	非铁金属	—
橡皮	23.4	铁金属	—
皮革	17.6	泥土、灰烬、砖	—

注：若为混合废物，则取平均值。

废物的热值可用量热计直接测量，也可根据废物的组分或元素组成计算。

6. 灼烧损失量

灼烧损失量通常作为检测废物焚烧后灰渣（也是一种废物）的品质，当然也与灰分性质有某种程度的关系，特别是与焚烧炉的燃烧性能有关。测定方法是将灰渣样品置于（800±25）℃高温下加热 3 h，称其前后质量，并根据下式计算。

$$灼烧损失量（\%）=\frac{加热前质量-加热后质量}{加热前质量}\times100\% \qquad (0\text{-}2)$$

一般设计优良的焚烧炉的灰渣灼烧损失量在 5%以下。

7. 元素成分

固体废物一般元素成分包括碳、氢、氧、硫、氯与重金属（如铅、镉、汞等）。了解/分析/确认固体废物的元素成分有多方面的作用，如判断其化学性质，确定废物的处理工艺，焚烧后二次污染物的预测，或作为有害成分的判断依据等，因此废物的元素成分的分析便成为一个极重要的工作。

三、固体废物的环境问题及污染特点

固体废物具有数量大、种类多、性质复杂、产生源分布广泛等特点。固体废物污染环境的途径多、污染形式复杂，且会直接或间接造成环境污染，既有即时性污染，又有潜伏性和长期性的污染。一旦固体废物造成环境污染或潜在的污染变为现实，消除这些污染往往需要比较复杂的技术和大量的资金投入，耗费较大的代价进行治理，并且很难使被污染破坏的环境得到彻底的恢复。

固体废物对环境的危害主要表现在以下几个方面：

1. 侵占土地

固体废物产生以后，需占地堆放。所产生废物的处理量越少，堆积量就越大，占地也就越多。由于我国过去对固体废物的处理和利用不够重视，导致固体废物的大量堆积。我国许多城市近郊常常也是城市生活垃圾的堆放场所。垃圾的堆放占用了大量的生产用地，进一步加剧了我国人多地少的矛盾。

2. 污染水体

固体废物对水环境污染途径有直接污染和间接污染两种：

直接污染是把水体作为固体废物的接纳体，向水中直接倾倒废物，从而导致水体的直接污染。世界范围内，有不少国家直接将固体废物倾倒于河流、湖泊或海洋，甚至将后者当成处置固体废物的场所之一。固体废物弃置于水体，将使水质直接受到污染，严重危害水生物的生存条件，并影响水资源的充分利用。

间接污染是固体废物在堆积过程中，经过自身分解和雨水的淋溶，产生渗滤液流入江河、湖泊或深入地下而导致地表水和地下水的污染。

3. 污染大气

固体废物在堆存、处理处置过程中会产生有害气体，对大气产生不同程度的污染。

例如，露天堆放的固体废物会因有机成分的分解产生有味的气体，形成恶臭；垃圾在焚烧过程中会产生酸性气体、粉尘和二噁英等，若不加以有效的处理，它们会排放到大气中，污染空气；垃圾在填埋处置后会产生甲烷、硫化氢等有害气体，若无填埋气收集设施，这些有害气体就会排放到空气中。此外，固体废物中的细粒、粉尘会随风飞扬，造成大面积的空气污染。如粉煤灰、尾矿堆场通 4 级以上的风力时，灰尘可飞扬到 20～50 m 的高度。

4. 污染土壤

固体废物对土壤的影响是废物堆放、贮存和处置过程中，其中有害组分容易污染土壤。土壤是许多细菌、真菌等微生物聚居的场所，这些微生物与其周围环境构成一个生态系统，在大自然的物质循环中，担负着碳循环和氮循环的一部分重要任务。工业固体废物特别是有害固体废物，经过风化、雨雪淋溶、地表径流的侵蚀，产生高温和有毒液体渗入土壤，会杀害土壤中的微生物，改变土壤的性质和土壤结构，破坏土壤的腐解能力，导致草木不生。

5. 影响人类身体健康

在固体废物特别是有害固体废物堆存、处理、处置和利用过程中，一些有害成分会通过水、大气、食物等多种途径为人类所吸收，从而危害人体健康。例如，工矿业废物所含化学成分可污染饮用水，对人体造成化学污染；生活垃圾携带的有害病源菌可传染疾病，对人体造成生物污染等。垃圾焚烧过程中产生的粉尘会影响人们的呼吸系统，产生的二噁英有剧毒，若不处理或处理未达标时过量排放，可直接导致人的死亡等。

6. 影响市容与环境卫生

我国工业固体废物的综合利用率较低，城市垃圾的清运能力也不高。相当部分未经处理的工业废料、垃圾常露天堆放在厂区、城市街区角落等处，它们除了导致直接的环境污染外，还严重影响厂区、城市的容貌和景观，"白色垃圾"是最明显的例子。如水体中漂浮的、树枝上悬挂的塑料袋就严重影响了城市景观，形成"视觉污染"。

四、固体废物的管理体系及制度

《固废法》首先确立了固体废物污染防治的"三化"原则，即固体废物污染防治的"减量化、资源化、无害化"原则。

固体废物"减量化"的基本任务是通过适宜的手段减少和减小固体废物的数量和容积。这一任务的实现，需从两个方面着手：一是对固体废物进行处理利用；二是减少固体废物的产生。对固体废物进行处理利用，属于物质生产过程的末端。固体废物采用压实、破碎等处理手段，可以减小固体废物的体积，达到减量并便于运输、处置等目的。

固体废物"资源化"的基本任务是采取工艺措施从固体废物中回收有用的物质和能源。固体废物的"资源化"是固体废物的主要归宿。从资源开发过程看，利用固体废物作为原料，可以省去开矿、采掘、选矿、富集等一系列复杂工作，保护和延长自然资源寿命，弥补资源不足，保证资源永续，且可节省大量的投资，降低成本，减少环境污染，保持生态平衡，具有显著的环境效益、经济效益和社会效益。

无害化是指对已产生又无法或暂时不能综合利用的固体废物，经过物理、化学或生物方法，进行对环境无害或低危害的安全处理、处置，达到废物的消毒、解毒或稳定化，实现不损害人体健康，不污染周围自然环境的过程。诸如垃圾的焚烧、卫生填埋、堆肥、粪便的厌氧发酵、有害废物的热处理和解毒处理等。

《固废法》确立了对固体废物进行全过程管理的原则。所谓全过程管理是指对固体废物的产生、收集、运输、利用、贮存、处理和处置的全过程及各个环节都实行控制管理和开展污染防治。

（一）固体废物的管理体系

固体废物管理是指运用环境管理的理论和方法，通过法律、经济、技术、教育和行政手段，鼓励废物资源化利用，控制固体废物进入环境，促进经济与环境的可持续发展。

固体废物的管理是通过相应的管理体系进行的。我国固体废物管理体系是以环境保护主管部门为主，结合有关的工业主管部门以及城市建设主管部门，共同对固体废物实行全过程管理。《固废法》对各个主管部门的分工有着明确的规定。

1. 各级环境保护主管部门

各级环境保护主管部门，即各级环保局，对固体废物污染环境的防治工作实施统一监督管理，国家环保总局是全国最高环境保护主管部门。各级环保主管部门的主要工作包括：
（1）制定有关固体废物管理的规定、规则和标准；
（2）建立固体废物污染环境的监督制度；
（3）审批产生固体废物的建设项目和进行环境影响评价；
（4）验收、监督和审批固体废物污染环境防治设施；
（5）对与固体废物污染环境防治有关的单位进行现场检查；
（6）对固体废物的转移、处置进行审批、监督；
（7）对用作原料的进口废物进行审批；
（8）制定防治工业固废污染环境的技术政策，组织推广先进的防治工业固废污染环境的生产工艺和设备；
（9）制定工业固废污染环境防治工作规划；
（10）组织工业固废和危险废物的申报登记；
（11）对所产生的危险废物不处置或处置不符合国家有关规定的单位进行处理，以及审批、颁发危险废物经营许可证；
（12）对固体废物污染事故进行监督、调查和处理。

2. 国务院、地方人民政府有关部门

国务院有关部门、地方人民政府有关部门是指国务院、各地人民政府下属有关部门如工业、农业、交通等部门。他们负责本部门职责范围内的固体废物污染环境防治的监督管理工作，主要工作包括：
（1）对所管辖范围内的有关单位的固体废物污染环境防治工作进行监督管理；
（2）对造成固体废物严重污染环境的企事业单位进行限期治理；
（3）制定防治工业固废污染环境的技术政策，组织推广先进的防治工业固废

污染的生产工艺和设备；

（4）组织、研究、开发和推广减少工业固废产生量的生产工艺和设备，淘汰落后的生产工艺和设备；

（5）制定工业固废污染环境防治工作规划；

（6）组织建设工业固废和危险废物贮存、处理、处置设施。

3. 各级人民政府环境卫生行政主管部门

由于城市生活垃圾是各城市都存在的、与人民生活密切相关的环境问题，各级人民政府一般都设有专门负责城市生活垃圾管理工作的环境卫生行政主管部门，即"环卫局"。由环卫局专门负责城市生活垃圾的消扫、贮存、运输、处理、处置等具体工作，包括：

（1）组织制定有关城市生活垃圾管理的规定和环境卫生标准；

（2）组织建设城市生活垃圾的清扫、贮存、运输、处理和处置设施，并对其运转进行监督管理；

（3）对城市生活垃圾的清扫、贮存、运输和处置经营单位进行统一管理。

（二）固体废物的管理制度

1. 分类管理制度

固体废物具有量多面广、成分复杂的特点，因此《固废法》确立了对城市生活垃圾、工业固体废物和危险废物实行区别对待的管理措施，明确规定了主管部门和处置原则。

2. 工业固体废物申报登记制度

为了使环境保护主管部门掌握工业固体废物和危险废物的种类、产生量、流向以及对环境的影响等情况，进而有效地防治工业固体废物和危险废物对环境的污染，《固废法》要求实施工业固体废物和危险废物的申报登记制度。

3. 固体废物污染环境影响评价制度及其防治设施的"三同时"制度

环境影响评价和"三同时"制度是我国环境保护的基本制度，《固废法》进一步重申了这一制度。

4. 排污收费制度

排污收费制度也是我国环境保护的基本制度。《固废法》规定"企业事业单位对其产生的不能利用或者暂不利用的工业固体废物，必须按照国务院环境保护主管部门的规定建设贮存或者处置的设施、场所"，任何单位都被禁止向环境排放固体废物。而固体废物排污费的交纳，则是对那些按照规定和环境保护标准建设工业固体废物贮存或处置的设施、场所，或者经改造这些设施、场所达到环境保护标准之前产生的工业固体废物而言的。

5. 限期治理制度

《固废法》规定，没有建设工业固体废物贮存或者处置设施、场所，或者已建设但不符合环境保护规定的单位，必须限期建设或者改造。实行限期治理制度是为了解决重点污染源污染环境的问题。对排放或处理不当固体废物的企业或责任者，实行限期治理，是有效防治固体废物污染环境的措施。如果限期内不能达到标准，就要采取经济手段以致停产。

6. 进口废物审批制度

《固废法》明确规定，"禁止中华人民共和国境外的固体废物进境倾倒、堆放、处置""禁止进口不能用作原料或者不能以无害化方式利用的固体废物；对可以用作原料的固体废物实行限制进口和自动许可进口分类管理""禁止进口列入禁止进口目录的固体废物。进口列入限制进口目录的固体废物，应当经国务院环境保护行政主管部门会同国务院对外贸易主管部门审查许可。进口列入自动许可进口目录的固体废物，应当依法办理自动许可手续"。

7. 转移管理制度

跨省转移固体废物需经移出地和接收地省级环保部门同意。目前，一些省市已开始实行电子联单，对运输车辆进行 GPS 跟踪，以保证运输安全、防止非法转移和处置，保证废物的完全监控，防止污染事故发生。

8. 危险废物名录、鉴别和标识制度

危险废物分为 49 类，400 多个小类，明确废物类别、行业来源、废物代码和危险特性。对未列入名录的，通过危险废物鉴别方法和鉴别标准进行识别。在危险废物的容器和包装物以及收集、贮存、运输、处置危险废物的设施、场所，必须设置危险废物识别标志。

9. 危险废物经营许可制度

危险废物的物性决定了危险废物的收集、贮存、处置等经营活动，必须由具

备一定设施、设备、人才和专业技术能力并通过资质审查获得危险废物经营许可证的单位进行危险废物的收集、贮存、处置活动。

10. 危险废物贮存限期制度

贮存危险废物必须采取符合国家环境保护标准的防护措施，并不得超过一年；确需延长期限的，必须报经原批准经营许可证的环境保护行政主管部门批准；法律、行政法规另有规定的除外。

11. 危险废物行政代处置制度

产生危险废物的单位，必须按照国家有关规定处置危险废物，不得擅自倾倒、堆放；不处置的，由所在地县级以上地方人民政府环境保护行政主管部门责令限期改正；逾期不处置或者处置不符合国家有关规定的，由所在地县级以上地方人民政府环境保护行政主管部门指定单位按照国家有关规定代为处置，处置费用由产生危险废物的单位承担。

项目一 固体废物样品的预测与采集

❖ 学习目标 ❖

（1）掌握城市生活垃圾产生量预测。
（2）掌握工业固体废物的预测方法。
（3）熟悉固体废物采样的方法，并能够熟练进行固体废物的采样。

❖ 基础知识 ❖

一、固体废物的产生量及预测

对固体废物产生量的计算在固体废物管理中是十分重要的，它是保证收集、运输、处理、处置及综合利用等后续管理能够得以正常实施和运行的依据。只有了解到固体废物的来源和数量，才能对其进行合理的鉴别和分类，并根据废物的数量和管理指标进行环境经济预测，进而制定相应的处理处置对策。由于城市生活垃圾和工业固体废物的产生特性有较大的差别，需要分别进行讨论。

（一）城市生活垃圾产生量及预测

城市生活垃圾的产生量随社会经济的发展、物质生活水平的提高、能源结构的变化以及城市人口的增加而增加，准确预测城市生活垃圾的产生量，对制定相应的处理处置政策至关重要。估算城市生活垃圾产生量的通用公式为：

$$Y_n = y_n \times P_n \times 10^{-3} \times 365 \qquad (1-1)$$

式中 Y_n——第 n 年城市生活垃圾产生量，t/a；

y_n——第 n 年城市生活垃圾的产率或产出系数，kg/(人·d)；

P_n——第 n 年城市人口数，人。

从式（1-1）可以看出，影响城市生活垃圾产生量的主要因素是城市垃圾产率和城市人口数。其中，城市垃圾产率受多种因素的影响，包括收入水平、能源结构、消费习惯等。城市人口的变化要同时考虑机械增长率（如移民、城市化等）和自然增长率的影响。机械增长率可以根据当地的规划进行计算，而自然增长率的预测有不同的方法。本项目讨论的人口增长率除特殊说明外都指自然增长率。

一般而言，运用统计与数理模式对人口数进行预测主要有算术增加法、几何增加法、对数曲线法、最小平方法以及曲线延长法等五种预测模式。

1. 算术增加法

假定未来每年人口增加率与过去每年人口增加率的平均值相等，据此以等差级数推算未来人口，适用于较古老的城市的短期预测（1～5年），推测结果常有偏低的现象。其计算可以下式表示：

$$P_n = P_0 + nr \qquad (1-2)$$

$$r = \frac{P_0 - P_t}{t} \qquad (1-3)$$

式中　P_n——第 n 年城市人口数，人；

P_0——现在人口数，人；

n——推测年数，

nr——每年增加人口数，人/a；

P_t——从现在算起 t 年前人口数，人；

t——过去的年数。

2. 几何增加法

假定未来每年人口增加率，与过去每年人口几何增加率相等，据此以等比级数推算未来人口，适用在短期（1～5年）或新兴城市，但若预测时间过长常会偏高。其计算式为

$$P_n = P_0 \exp(k, n) \qquad (1-4)$$

$$k = \frac{\ln P_0 - \ln P_t}{t} \qquad (1-5)$$

式中　k——几何增加常数。

3. 饱和曲线法

假设人口增加过程中，初期较快、中期平缓、终期达饱和状态，其人口增加状态呈 S 曲线状，又称饱和曲线法。本法为 1838 年 P. E. Verlust 所提出，适于较长期的预测，也是目前较常用的方法，其计算式为

$$P = \frac{K}{1 + me^{qn}} \tag{1-6}$$

或 $$\ln\left(\frac{K}{P} - 1\right) = qn + \ln m \tag{1-7}$$

式中　P——推测人口数（以千人计）；

　　　n——基准年起至预测年所经过年数；

　　　K——饱和人口数（以千人计）；

　　　m、q——常数（q 为负值）。

本法因与城市人口动态变化规律较接近，国际上应用较普遍。

4. 最小平方法

最小平方法是以每年平均增加人口数为基础，根据历年统计资料以最小平方法推测人口变化的方法。本法与算数增加法略同，但该法较精确，其计算式如下

$$P = an + b \tag{1-8}$$

$$a = \frac{N\sum n_i P_{ni} - \sum n_i \sum P_{ni}}{N\sum n_i^2 - \sum n_i \sum n_i} \tag{1-9}$$

$$b = \frac{\sum n_i^2 P_{ni} - \sum n_i P_{ni} \sum n_i}{N\sum n_i^2 - \sum n_i \sum n_i} \tag{1-10}$$

式中　n——年数，a；

　　　a、b——常数；

　　　P_n——n 年的人口数；

　　　N——用以分析人口数据组数。

5. 曲线延长法

根据过去人口增长情形，考察该城市的地理环境、社会背景、经济状况以及考虑将来可能出现的发展趋势，并参考其他相关城市的变化情形进行预测，将历史人口记录的变化曲线进行延长，并求出预测年度的人口，适合新兴城市。

（二）工业固体废物产生量及预测

工业固体废物产生量的预测经常采用"废物产生因子法"进行，"废物产生因子"也称"废物产率"，所谓废物产率即废物产生源单位活动强度所产生的废物量，将预测的生产能力乘以废物产率，即可预测固体废物的产生量。由于废物产率是

根据过去的调查资料经计算后得出的代表性平均值，可能有抽样调查误差，对废物产生量进行短期预测时，通常可以忽略废物产率由于工艺技术改良或生产过程变化所造成的影响。

在工业发达国家，工业固体废物的产生量以每年 2%～4%的速度增长，按废物产生量大小的排序为：冶金、煤炭、火力发电三大行业，其次为化工、石油、原子能工业等。我国工业固体废物的增长率约为 5%，按产生量的大小排序，尾矿居于首位，其次是煤矸石、炉渣、粉煤灰、冶炼废渣和化工皮渣等，按行业划分，产生固体废物最多的行业是采矿业，其次是钢铁工业和热电业。

工业固体废物产生量与产品的产值或产量有密切关系，这个关系可以用下式表示。

$$P_t = P_r M \qquad (1\text{-}11)$$

式中　P_t——固体废物产生量，t 或 ×10^4 t；

　　　P_r——固体废物的产率，t/10^4 元或 t/×10^4 t；

　　　M——产品的产值或产量，10^4 元或 ×10^4 t。

采用这个公式计算工业固体废物的产生量时，必须有以下两个假设。相同产业采用相同的技术，且在预测期间内没有技术改造，即投入系数一定；各产业的工业固体废物量 P_t 与产值或产量成正比，即产出系数一定。固体废物的产率可以通过实测法或物料衡算法求得。

1. 实测法求固体废物产率

根据生产记录得到每班（或每天或每周、每月、每年）产生的固体废物量以及相应周期内的产品产值（或产量），由下式求出 P_r 值。

$$P_{ri} = \frac{P_{ti}}{M_i} \qquad (1\text{-}12)$$

为了保证数据的准确性，一般要在正常运行期间测量若干次，取其平均值。

$$P_r = \frac{1}{n}\sum_{i=1}^{n} P_{ri} \qquad (1\text{-}13)$$

在进行全国性工业固体废物统计调查时，全量调查是很困难的，一般采用随机抽样调查的方式求解 P_{ri}。

2. 物料衡算法求固体废物产率

对生产过程所使用的物料情况进行定量分析，根据质量守恒定律，在生产过程中投入系统的物料总质量应等于该系统产出物料的总质量，即等于产品质量与物料流失量之和。

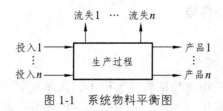

图 1-1　系统物料平衡图

其物料衡算公式的通式可以用下式表示。

$$\sum P_{投入} = \sum P_{产品} + \sum P_{流失} \tag{1-14}$$

式中　　$\sum P_{投入}$——投入系统的物料总量；

　　　　$\sum P_{产品}$——系统产品的质量；

　　　　$\sum P_{流失}$——系统的物料和产品的流失总量。

这个物料衡算通式既适用于生产系统整个过程的总物料衡算，也适用于生产过程中的任何一个步骤或某一生产设备的局部衡算。不管进入系统的物料是否发生化学反应，或化学反应是否完全，该通式总是成立的。

在应用物料衡算法时，要注意不能把流失量和废物量混为一谈。流失量包括废物量（废水、废气、皮渣）和副产品，因此，废物只是流失量的一部分。

对于系统中没有发生化学变化的生产过程，其物料衡算比较简单，因为物料进入系统后，其分子结构并没有发生变化，只是形状、温度等物理性质发生了变化。对于系统中发生了化学反应的生产过程，则其物料衡算应根据化学计量式进行。

二、固体废物的采样方法

固体废物采样是从大量废物实体中取出少量代表性样品，通过测定和分析此部分所得到的数据，推测出整体废物的性质。因此利用科学统计方法将有助于提供采样的准确性。所谓代表性样品是指具有下列特性的样品：代表该废物采样群体的性质与化学组成；具有与该废物采样群体相同的分布比率。

大多数的废物都呈不均匀状态，因此不能以单一样品作为代表该废物整体性质的"代表性样品"。比较准确的方法是收集并分析多个样品。多个样品所产生的代表性数据，才可用以说明该废物的平均性质与组成。常用的采样统计分析名词术语包括算数平均值、偏差、平均偏差、平均偏差绝对值、标准偏差、差异、平均值之信赖界限等。具体计算公式本书不再做具体介绍，可参见相关统计教材。

另外，根据废物贮存方式与贮存容器的不同，可使用不同的采样方法，常用的采样方法包括：单一随机采样、分层随机采样、系统随机采样、阶段式采样、权威采样和混合采样。以下分别说明几种不同采样类型的适用性及其优缺点。

（一）单一随机采样型

1. 采样方法

将所有废物划分成相当数量的假想格子，依序给予连续编号，随机选出一组号码，再从这组号码所代表的格子取出样品加以混合，再随机从中选择所要采集的样品。

2. 特　性

废物中的任一点，都有同等的机会被采出，且以随机方式采出适量样品。

单一随机采样的优点是简单、准确度高，该法适用于：化学性质呈现不规则的非均态，且维持固定状态的废物；无任何或很少污染物分布资料的废物。

（二）分层随机采样型

1. 采样方法

若废物的污染性质很明显地分割成数层，且层与层之间性质差异很大，而每一层内的差异性很小，并至少可取出 2~3 个样品时，则在每一层中，分别以单一随机采样法采集样品；若清楚了解每层的差异程度，则以其差异程度，根据各层废物量的分布比例大小，分别于各层取出相当比例的样品量。

2. 特　性

分层随机采样依据各层显著的差异性、分别根据其差异程度的大小，取出不同比例的样品数，能准确地反应废物性质分布的状况。

该方法适合在以下情况下采用：明确了解废物中污染物的分布情形，且其分层现象很明显；经费不足，仅能取少数样品的情况。

该方法的特点是当对废物分布情况的估测准确时，其准确度和精确度都比单一取样高，并且能了解各层废物的性质分布状况。但是，若废物分层现象不明显，且估测错误时，则会降低其准确度。

（三）系统随机采样型

1. 采样方法

在固体废物中随机取出第一个样品，其后于一定空间或时间间隔下，依序取出其他样品，即将全体个体依次编号，设定固定间隔，每隔若干号抽取一号。样本数与母体数的关系，根据间隔的划分而定，间隔大时样品数小，间隔小时样本数大。例如，每隔 20 个号码或时间取 1 个样品，则总样品数占母体数的 5%，同样，每隔 100 个取得 1 个，则样本数为全体的 1%。若母体个数为 N，所要采样样本总数为 M，则 $I=N/M$ 称为抽样间隔，若 I 不为整数，则用四舍五入法取整数。至于样本个体依次为 S，$2S$，$3S$，…，而这些样本在全体中的位置可用下列公式求得。

$$K = (S-1)I + f \tag{1-15}$$

式中　K——样本个体在全体中的位置（在全部母体已依次编号的情况下）；

　　　S——等间隔的样品顺序位次；

　　　I——间隔大小；

　　　f——第一个抽取样品在全部母体中所占的位置。

2. 特　性

第一个样本随机取出后其余的样本则依一定规则取出。该方法适用于采样人员非常了解该废物的特性，确知该废物中的主要污染物质呈任意分布或只有缓和的层化现象。

系统随机采样法易于确认和收集样品，有时可得到较简的精确度，污染物质分布较均匀时，则可得更高的准确度。污染物质的分布呈现未知的趋势或循环周期时，则会降低其准确度，进行废物评估时，通常不采用此方法。

（四）阶段式采样法

1. 采样方法

阶段式抽样是先由一个原始 N 个单位（一单位中含有多个样品）中抽取 n 个单位的随机样本，称为主要（或第一段）抽样单位，而再从 n 个单位中的第 i 个被选的主要单位再选 m 个单位，称为次要（或第二段）抽样单位，而主要抽样单位当中皆含 M 个单位，若只进行至次要抽样单位中分析，则称为二段式采样，若继续由次要抽样单位抽取更小单位进行采样，则为三段式采样，而三段以上的采样，称为多段式采样。

2. 特　性

阶段式采样法采样手续方便，可依需要分阶段实施采样工作。该法的缺点是误差较大，整理分析较繁杂。

（五）权威性采样法

1. 采样方法

由对所采集废物的性质非常清楚的人员决定并选取样品。

2. 特　性

整个采样过程完全由一个人决定，人为因素较强。因此，该法仅适用于采样人员对废物性质确实了解的情况。也正因如此，权威性采样法虽然较简单、方便，但容易出现错误的判断，数据的有效性比较可疑；进行废物评估时，通常不采用此方法。

（六）混合采样型

1. 采样方法

将由废物收集而来的一些随机样品，混合成单一样品，再分析此单一混合样品的相关污染物。如常用的二分法、四分法与"井"字法。

（1）二分法：将废物堆等分，各等分取适量样品再均混后等分，再从各等分取适量样品，如此重复至适当的样品量。

（2）四分法；将废物堆"十"字均分为四小堆，取对角的两小堆。均混后再"十"字均分为四小堆，如此重复至适当的样品量。

（3）"井"字法；将废物堆"井"字均分为九小堆，各小堆等取适量样品，均混后再"井"字均分为九小堆，如此重复至适当的样品量。

2. 特　性

混合采样法样品间的分散性较小，可减少样品采集数量。但由于一组样品仅产生一个分析数据，容易降低废物中污染物的"代表性"，为弥补这种情形，可以收集并分析较多数量的混合样品，从而使结果更具代表性，但却抵消了混合采样可能节省的经费。

综合以上讨论（表 1-1），可知当要采集废物样品时，若无任何或很少相关污染物分布的资料时，最好采用单一随机采样法；若有较详细相关资料时，则要考虑采用分层随机采样法或系统随机采样法。

表 1-1　各种采样方法优缺点比较

采样方法	优　点	缺　点
简单随机采样	方法简单；因易估算族群总值及采样误差，准确度、精确度高	采样样品较为分散；所需采样人力及经费较大
分层随机采样	若每层内之差异度越小，可得更高精确度；可求得各层之估算值	样品数据资料整理、推算工作比简单随机复杂；族群分布为未知倾向时会降低准确及精确度
系统随机采样	随机采样方式只需采取一个，其余依序，故较方便；污染物质分布均匀时，可得高准确度	族群分布为未知倾向时会降低准确度；样本个体呈周期循环，而若又与采样样品间隔相近时误差会较大
阶段式采样	采样手续较方便；可阶段实施采样工作	误差较大；整理分析较复杂
权威判断采样	简单、方便	由于错误的判断，误差可能甚大，无法估算族群平均数及采样标准偏差
混合采样	综合简易随机采样及阶段式采样优点	为求更具代表性，需采集较多个别样品，人力经费并无显著节省

三、不同废物贮存形态的采样方法

（一）大型容器采样法

对贮存于大型容器中的废物，取样方法可以根据废物组成分布的差异性、不均匀性及样品取得难易度、贮存容器的不同而进行选择，但其基本原则都是为了取得容器内每一点的样品。下列几种取样方式适合于容器取样口不受限制的情况。

1. 三度空间单一随机采样

将容器根据假想的三度空间格子结构划分：

（1）将废物顶层表面划分成等面积的格子，每格大小约与取样器大小一致；若容器较大，则可取比取样器大的格子；若为圆柱形容器，则可划分成不同同心圆，再细分成等面积的格子。

（2）将容器高度划分为等距离水平高度，此距离至少须大于取样器所需的垂直空间。每一水平层以数字标出。

（3）由乱数表或乱数产生器决定取样位置。

2. 二度空间单一随机采样

对收集较小数量的样品，此法能提供较精确的采样方法，步骤如下：

（1）同三度空间单一随机采样法，将废物顶层划分成等面积的格子，格子大小约相当于取样器大小。

（2）利用乱数表或乱数产生器，选取取样格子。

（3）用适当的取样器，自所选择格子由顶端到底端，垂直取出整个长度的样品。

（二）敞开车辆采样法

在废物上方划分假想格子，在交叉点，利用螺旋钻或适合的采样器取出样品。

（三）贮槽（坑）内废物的采样法

（1）开放式贮槽：以三度空间单一随机采样法，可不受限制取得样品。

（2）开放式贮槽且已知或已假设废物组成的分布：用二度空间单一随机采样法。

（3）采样口受限制的贮槽：此类贮槽限制了采样位置，因此，必须采得充分的样品量来说明废物垂直方向可能存在的差异，以采得样品的代表性。在一密闭的贮槽，样品采得只经由一个孔，槽内部位置无法采得样品，如此所得样品仅代表采样区域而非整体，除非贮槽内的样品是均匀的。

（4）采样口受限制，且废物内成分分布情况未知的贮槽：可估计槽内废物倒出所需时间，在倾出过程中，随机选择时间采取一系列样品。

（5）可对各层分别以二度空间单一随机采样法或三度空间单一随机采样法。

（四）废物堆采样法

废物样品取得难易与废物堆大小体积有关，也是决定采样方法的主要因素。

（1）若废物堆的每一位置都可采集样品时，可用三度空间单一随机采样法。

（2）若废物堆过大，不易取得各位置的样品时，需配合废物堆移走的时间来取样，估计废物堆移走所需卡车数量，随机采集所需卡车负载数量的样品。

（3）对小废物堆，采样器用简易的铲匙之类即可，对中型废物堆，取样器可用挖掘工具如锄、镐类。

（五）填埋场采样法

填埋场的采样方法可用三度空间随机采样法，若填埋场合有几个单元，则必须对每一单元作三度空间随机采样。

四、我国垃圾采样标准

《生活垃圾采样和物理分析方法》（CJ/T313—2009）对生活垃圾的采样点的

位置、采样时间和频率、最小采样量、采样的和制样方法、样品等都进行了明确规定。

任务一　确定固体废物的产量

❖ 任务描述 ❖

某黄磷厂生产 1 t 黄磷需要磷矿石 9.339 t、焦炭 1.551 t、硅石 1.557 t，除得到 0.356 t 的副产品磷铁外，还产生 2.824 t 气体和 0.135 t 粉尘，其余均以废渣形式排出。求黄磷的产渣率。

❖ 实施方法 ❖

已知投入物料量　磷矿石：9.339 t　　焦炭：1.551 t　　硅石：1.557 t

产品量　黄磷：1.000 t

流失量　气体：2.824 t　　粉尘：0.135 t　　磷铁：0.356 t

根据式（1-14）　　$\sum P_{流失} = \sum P_{投入} - \sum P_{产品}$

$$=(9.339+1.551+1.557)-1.000=11.447(t)$$

又知 $\sum P_{流失} = P_{气} + P_{铁} + P_{尘} + P_{渣}$

得 $P_{渣}=11.447-2.842-0.356-0.135=8.132$ t

黄磷的产渣率为 8.132 t/t 产品

任务二　固体样品的采集

❖ 任务描述 ❖

设某废物采样工作经评估后拟采用"系统随机采样法"，其第一次（每季采样一次）取样是编号 2 号的样品，若抽样间隔为 5，则第四次取样时（以时间为间隔的第四季度）取样样品编号应是多少？

❖ 实施方法 ❖

采用式（1-15），由题意可知：$I=5$，$f=2$，$S=4$

$$K=(S-1)I+f=(4-1)\times5+2=17$$

故第四次取样是编号第 17 号的样品。

思考与练习 **?**

（1）常用的采样方式包括哪些？

（2）固体废物的化学特性分析项目常包括哪几项？

（3）固体废物的危害体现在哪几个方面？

项目二　固体废物的收集、运输及中转

◆ 学习目标 ◆

（1）了解工业固体废物的收集及运输方法。

（2）熟悉城市垃圾的收集、运输及中转的一般程序，能够根据所学知识进行城市垃圾收运路线的设计。

（3）了解危险废物收集、贮存及运输的一般要求。

◆ 基础知识 ◆

一、工业固体废物的收集、运输

在我国，工业固体废物处理的原则是"谁污染，谁治理"。一般，产生废物较多的工厂在厂内外部建有自己的堆场，收集、运输工作由工厂负责。零星、分散的固体废物（工业下脚废料及居民废弃的日常生活用品）则由商业部所属废旧物资系统负责收集。大型企业，自行收集、运输、利用和处置；中小型企业委托回收公司，定期或巡回收运。收集的品种有黑色金属、有色金属，橡胶、塑料、纸张，破布、麻、棉，化纤下脚、牲骨、人发，玻璃，料瓶，机电五金、化工下脚、废油脂等 16 个大类 1000 多个品种。

暂时不能利用的则暂时堆存，留待以后再处理。对有害废物专门分类收集，分类管理。

二、城市垃圾的收集、运输与中转

城市垃圾收运是城市垃圾处理系统中的第一环节，其耗资最大，操作过程亦最复杂。据统计，垃圾收运费要占整个处理系统费用的 60% ~ 80%。城市垃圾收运之原则是：满足环境卫生要求，处理费用低。因此，必须科学地制订合理的收运计划，提高收运效率。

城市垃圾收运并非单一阶段操作过程，通常需包括三个阶段，构成一个收运系统。第一个阶段是搬运与贮存（简称运贮）；第二个阶段是收集与清除（简称清运）；第三个阶段是转运。

（一）城市垃圾的搬运与储存

第一阶段是搬运与贮存，是指由垃圾产生者（住户或单位）或环卫系统收集垃圾产生源头将垃圾送至贮存容器或集装点的运输过程（发生源到垃圾桶）。

1. 垃圾产生源的搬运管理

（1）居民住宅区

① 低层或平房住宅有两种搬运方式

一是居民自行负责将产生的城市垃圾自备容器搬运至公共贮存容器、垃圾集装点或垃圾收集车内。

二是由收集工人负责从家门口或后院搬运至集装点或收集车。

② 中高层公寓或老式高层

无垃圾通道的住宅楼：同低层住宅。楼层越高，垃圾清运费用越大。

设垃圾通道的住宅楼：居民将垃圾投进垃圾通道，然后由专门人员清运。方便居民，但清运不及时会产生渗滤液、臭气。

国外，某些城市采用管道方式运送垃圾，清洁卫生，节约人力，但投资较高，技术还不成熟，目前应用不多。

近年来国外推广使用小型家用垃圾破碎机，主要处理厨房垃圾，垃圾破碎后随生活污水排入下水道，减少了垃圾清运量，但增大了污水处理系统负荷。

（2）商业区与企业单位

包括商业垃圾、建筑垃圾以及污水处理厂产生的污泥，由产生者自行清运，环卫部门进行监督管理。

（3）公共场所

专门的环卫工人或环卫设备，每天定点、定时地清扫、收集公共场所的垃圾。

2. 垃圾的贮存管理

由于城市垃圾产生量的不均匀性及随意性，以及对环境部门收集清除的适应性，需要配备城市垃圾贮存容器。

垃圾产生者或收集者应根据垃圾的数量、特性及环卫主管部门的要求，确定贮存方式，选择合适的垃圾贮存容器，规划容器的放置地点并确保足够的数目。

（1）一般要求

国外许多城市都制定了当地容器类型的标准化和使用要求。用于各家各户生活垃圾的贮存容器多为塑料和钢制垃圾桶、塑料袋和纸袋。为了减少垃圾桶脏污和清洗工作，已广泛提倡使用塑料袋和纸袋。

国内目前各城市使用的容量规格不一。对于家庭贮存，除少数城市（如深圳、珠海等）规定使用一次性塑料袋外，通常由家庭自备旧桶、箩筐、簸箕等随意性容器；对于公共贮存常见的有固定式砖砌垃圾箱、活动式带车轮的垃圾桶、铁制活底卫生箱、车厢式集装箱等；对于街道贮存，除使用公共贮存容器外，还配置大量供行人丢弃废纸、果壳、烟蒂等物的各种类型的废物箱；对于单位贮存，则由产生者根据垃圾量及收集者的要求选择容器类型。

（2）贮存方式

分类贮存：将特性不同的垃圾，按照其物化特性的不同及处理需要分别予以分类，然后将其分别置入不同类型的贮存容器，再配合不同的收集时间，分别进行收运处理。

混合贮存：将所有的垃圾，不分其特性与处理需要，集中存放在同一个贮存容器内。

（3）贮存容器

① 贮存容器的类型

构筑物式：用于垃圾转运站和公共垃圾集装点。一般为砖、水泥结构，不密封，费用低，卫生状况差，不利于机械化使用。

容器式：钢制或塑料制，塑料袋，钢制垃圾桶，固定式砖砌垃圾箱，果皮箱等。

② 贮存容器的数量

容器设置数量对费用影响巨大，应事先进行规划和估算。某区域需配置多少容器，主要应考虑的因素为服务范围内居民认识、垃圾人均产生量、垃圾容重、容器大小和收集次数等。

我国规定容器设置数量按照以下方法计算：

a. 容器服务范围内垃圾日产生量：

$$W = R \cdot C \cdot A_1 \cdot A_2 \tag{2-1}$$

式中　W——垃圾日产生量，t/d；

　　　R——人口数，人；

　　　C——实测的垃圾单位产量，t/（人·d）；

　　　A_1——垃圾日产量不均匀系数，取 1.1~1.15；

　　　A_2——居住人口变动系数，取 1.02~1.05。

b. 垃圾日产生体积：

$$V_{ave} = \frac{W}{A_3 \cdot D_{ave}} \tag{2-2}$$

$$V_{max} = K \cdot V_{ave} \tag{2-3}$$

式中　V_{ave}——垃圾平均日产生体积，m³/d；

A_3——垃圾容重变动系数，取 0.7～0.9；

D_{ave}——垃圾平均容重，t/m³；

V_{max}——垃圾高峰时日产生最大体积，m³/d；

K——高峰时垃圾体积的变动系数，取 1.5～1.8。

c. 收集点需设置的容器数量：

$$N_{ave} = \frac{A_4 \cdot V_{ave}}{E \cdot F}$$ （2-4）

$$N_{max} = \frac{A_4 \cdot V_{max}}{E \cdot F}$$ （2-5）

式中 N_{ave}——平均所需设置的容器数量，个；

A_4——垃圾收集周期，d/次，当每日收集 1 次，A_4=1，每日收集 2 次，A_4=0.5，每两日收集 1 次，A_4=2，以此类推；

E——单个垃圾容器的容积，m³/个；

F——垃圾容器填充系数，取 0.75～0.9；

N_{max}——垃圾高峰时所需设置的垃圾容器数量。

最后，用 N_{max} 确定服务区应设置的容器数量，合理地分配在各服务点。

（二）城市垃圾的收集与清除

第二阶段是收集与清除（简称清运），通常指垃圾的近距离运输。一般用清运车辆沿一定路线收集清除容器或其他贮存设施中的垃圾，并运至垃圾中转站的操作，有时也可就近直接送至垃圾处理厂或处置场（垃圾桶到垃圾车；垃圾车对垃圾的收集；垃圾车到垃圾中转站）。

这一阶段是收运管理系统中最复杂的，耗资也最大。清运效率和费用之高低，主要取决于以下因素：① 清运操作方式；② 收集清运车量数量、装载量及机械化装卸程度；③ 清运次数、时间及劳动定员；④ 清运路线。

1. 清运操作方法

清运操作方法分移动式和固定式两种。

（1）移动容器收集操作方法

移动容器操作方法是指将某集装点装满的垃圾连容器一起运往中转站或处理处置场，卸空后再将空容器送回原处（一般法）或下一个集装点（修改法），其收集过程示意如图 2-1 所示。

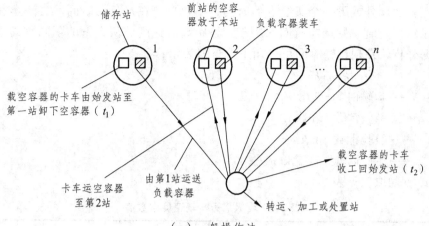

（a）一般操作法

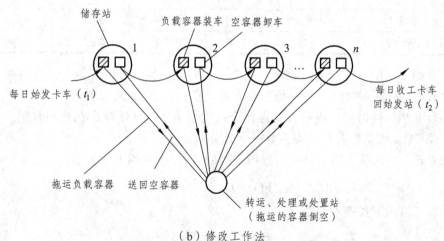

（b）修改工作法

图 2-1 移动容器收集操作程序示意图

操作计算：收集成本的高低，主要取决于收集时间长短，可以将收集操作过程分为四个基本用时，即集装时间、运输时间、卸车时间和非收集时间（其他用时）。

① 集装时间（P_{hcs}）：对常规法，每次行程集装时间包括容器点之间行驶时间，满容器装车时间，及卸空容器放回原处时间三部分。用公式表示为

$$P_{hcs} = t_{pc} + t_{uc} + t_{dbc} \qquad (2-6)$$

式中　P_{hcs}——每次行程集装时间，h/次；

　　　t_{pc}——满容器装车时间，h/次；

　　　t_{uc}——空容器放回原处时间，h/次；

　　　t_{dbc}——两个容器收集点之间的行驶时间，h/次。

如果容器行驶时间已知，可用下面运输时间公式（2-7）估算。

② 运输时间（h）：运输时间指收集车从集装点行驶至终点所需时间，加上离

开终点驶回原处或下一个集装点的时间，不包括停在终点的时间。当装车和卸车时间相对恒定时，则运输时间取决于运输距离和速度。从大量的不同收集车的运输数据分析，发现运输时间可以用下式近似表示：

$$h=a+bx \qquad (2-7)$$

式中：h——运输时间，h/次；

a——经验常数，h/次；

b——经验常数，h/km；

x——往返运输距离，km/次。

a，b 的取值见表 2-1。

表 2-1 垃圾清运车辆速度常数值

行驶速度/（km/h）	88	72	56	40	24
a/（h/次）	0.016	0.022	0.034	0.050	0.060
b/（h/km）	0.011 2	0.014	0.018	0.025	0.042

③ 卸车时间：专指垃圾收集车在终点（转运站或处理处置场）逗留时间，包括卸车及等待卸车时间。每一行程卸车时间用符号 S（h/次）表示。

④ 非生产性时间：指在收集操作全过程中非生产性活动所花费的时间。常用符号 w（%）表示非收集时间占总时间百分数。

因此，一次收集清运操作行程所需时间（T_{hcs}）可用下式表示：

$$T_{hcs}=(P_{hcs}+S+h)/(1-w) \qquad (2-8)$$

也可以用下式表示：

$$T_{hcs}=(P_{hcs}+S+a+bx)/(1-w) \qquad (2-9)$$

当求出 T_{hcs} 后，则每日每辆收集车的行程次数用下式求出：

$$N_d=H/T_{hcs} \qquad (2-10)$$

式中 N_d——每天行程次数，次/d；

H——每天工作时数，h/d；其余符号同前。

同时，当移动容器操作系统中考虑了非生产因素在内，同时考虑收发车时间在内的以每天每辆车计的往返次数可以由下列公式确定：

$$N_d=[H(1-w)-(t_1+t_2)]/(P_{hcs}+S+a+bx) \qquad (2-11)$$

式中 t_1——每天从分派车站驾驶到第一个容器服务区所用的时间，h；

t_2——每天从最后一个容器服务区到分派车站所用的时间，h；其余符号同前。

每周所需收集的行程次数，即行程数可根据收集范围的垃圾清除量和容器平均容量，用下式求出：

$$N_w=V_w/(cf) \qquad (2-12)$$

式中 N_w——每周收集次数，即行程数，次/周（若计算值带小数时，需进值到整数值）；

V_w——每周清运垃圾产量，m^3/周；

c——容器平均容量，m^3/次；

f——容器平均充填系数。

由此，每周所需作业时间 D_w（d/周）为

$$D_w=N_w T_{hcs} \tag{2-13}$$

应用上述公式，即可计算出移动容器收集操作条件下的工作时间和收集次数，编制作业计划。

（2）固定容器收集操作方法

固定容器收集操作法是指用垃圾车到各容器集装点装载垃圾，容器倒空后固定在原地不动，车装满后运往转运站或处理处置场。固定容器收集法的一次行程中，装车时间是关键因素。因为装车有机械操作和人工操作之分，故计算方法也略有不同。固定容器收集过程参见图2-2。

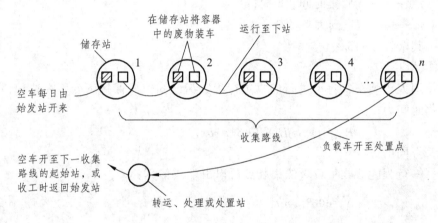

图 2-2 固定容器收集操作程序示意图

① 机械装车

a. 每一收集行程时间：

$$T_{scs}=(P_{scs} + S + a + bx)/(1 - w) \tag{2-14}$$

式中 T_{scs}——固定容器收集法每一行程时间，h/次；

P_{scs}——每次行程集装时间，h/次；其余符号同前。

b. 集装时间为：

$$P_{scs}=c_t \cdot t_{uc}+(N_p-1) \cdot t_{dbc} \tag{2-15}$$

式中 c_t——每次行程倒空的容器数，个/次；

t_{uc}——卸空一个容器的平均时间，h/个；

N_p——每一行程经历的集装点数；

t_{dbc}——每一行程各集装点之间平均行驶时间。如果集装点平均行驶时间未知，也可用公式 $h=a+bx$ 进行估算，但以集装点间距离代替往返运输距离 x（km/次）。

c. 每一行程能倒空的容器数：其直接与收集车容积与压缩比以及容器体积有关，其关系式：

$$c_t=Vr/(cf) \tag{2-16}$$

式中　V——收集车容积，m^3/次；

　　　r——收集车压缩比；其余符号同前。

d. 每周需要的行程次数：

$$N_w=V_w/(Vr) \tag{2-17}$$

式中　N_w——每周行程次数，次/周；其余符号同前。

e. 每周需要的收集时间：

$$D_w=[N_w P_{scs}+t_w(S+a+bx)]/[(1-w)H]（若单位是 h/周，则不用除以 H）$$

式中　D_w——每周收集时间，d/周；

　　　t_w——N_w 值进到大整数值；

　　　其余符号同前。

② 人工装车

使用人工装车，每天进行的收集行程数为已知值或保持不变。在这种情况下日工作时间为

$$P_{scs}=[(1-w)H/N_d]-(S+a+bx) \tag{2-18}$$

符号同前。

每一行程能够收集垃圾的集装点可以由下式估算：

$$N_p=60 P_{scs} n/t_p \tag{2-19}$$

式中　n——收集工人数，人；

　　　t_p——每个集装点需要的集装时间，人·min/点；其余符号同前。

每个废物收集点装载时间 t_p 取决于在废物收集点位置之间行驶要求的时间，每个收集点的容器数目以及分散收集点占总收集点的百分数，以下式表示：

$$t_p=d_{bc}+k_1c_n+k_2P_{rh} \tag{2-20}$$

式中　d_{bc}——花在两个收集点的平均交通时间，h；

　　　k_1——与每个容器收集时间有关的常数，min；

　　　c_n——在每个收集点处的容器的平均数目；

　　　P_{rh}——分散收集点的百分比例，%。

式（2-19）和表 2-2 的数据可用来计算每个收集地点的时间，考虑到住宅区收集变化大，仍建议在有条件的情况下采用地形实测的方法。

表 2-2　一个工人工作时装载时间与收集点容器数量的关系

每个收集点服务容器数（或箱数）	每个收集点装载时间 t_p/（人·min/点）
1~2	0.50~0.60
3 个以上	0.92

每次行程的集装点数确定后，即可用下式估算收集车的合适车型尺寸（载重量）：

$$V=V_pN_p/r \tag{2-21}$$

式中　V_p——每一集装点收集的垃圾平均量，m^3/次；其余符号同前。

每周的行程数，即收集次数：

$$N_w=T_pF/N_p \tag{2-22}$$

式中　T_p——集装点总数，点；

　　　F——每周容器收集频率，次/周；其余符号同前。

2. 收集车辆

（1）收集车类型

不同地域和城市可根据当地经济、交通、垃圾组成特点、垃圾收运系统的构成等实际情况，开发使用与其相适应的垃圾收集车。各类收集车构造形式不同（主要是装车装置），但其工作原理有共同点，即规定一律配置专用设备，以实现不同情况下城市垃圾装卸车的机械化和自动化。一般应根据整个收集区内不同建筑密度、交通便利程度和经济实力选择最佳车辆规格。按装车形式大致可分为前装式、侧装式、后装式、顶装式、集装箱直接装车等形式。车身大小按载重量分，额定量 10~30 t，装载垃圾有效容积为 60~25 m^3（有效载重量 4~15 t）。

国内最常用的垃圾收集车有以下几类：

① 简易自卸式收集车（图 2-3）：适于固定容器清运操作。

常见的有两种形式，一是罩盖式自卸收集车；二是密封式自卸车，即车厢为带盖的整体容器，顶部开有数个垃圾投入口。

（a）罩盖式　　　　　　　　　　（b）密封式

图 2-3　简易自卸式收集车

② 活动斗式收集车（图 2-4）：适于移动容器操作。

这种收集车的车厢错位活动敞开式贮存容器，平时放置在垃圾收集点。因车厢贴地且容量大，适宜贮存装载大件垃圾，故亦称为多功能车。

图 2-4 活动斗式收集车

③ 侧装式密封收集车（图 2-5）

这种车型为车辆内侧装有液压驱动提升机构，提升配套圆形垃圾桶，可将地面上垃圾桶提升至车厢顶部，由倒入口倾翻，空桶复位至地面。倒入口有顶盖，随桶倾倒动作而启闭。

图 2-5 侧装式密封收集车　　　　　　图 2-6 后装压缩收集车

④ 后装式压缩收集车（图 2-6）

这种车是在车厢后部开设投入口，装配有压缩推板装置。通常投入口高度较低，能适应居民中老年人和小孩倒垃圾，同时由于有压缩推板，适应体积大、密度小的垃圾收集。

另外，为了收集狭小里弄、小巷内的垃圾，人力手推车、人力三轮车常作为辅助的清运工具。

（2）收集车数量配备

收集车数量配备是否得当，关系到费用和收集效率。某收集服务区需配备各类收集车辆数量多少可以参照下列公式计算：

① 简易自卸车

$$简易自卸车数 = \frac{垃圾日平均产量}{车额定吨位 \times 日单班收集次数定额 \times 完好率}$$

式中，垃圾日平均产生量按照式 $W = R \cdot C \cdot A_1 \cdot A_2$ 计算；日单班收集次数定额按各省、自治区环卫定额计算；完好率按 85% 计。

② 多功能车

$$多功能车数 = \frac{收集垃圾日平均产量}{车箱额定容量 \times 箱容积利用率 \times 日单班收集次数定额 \times 完好率}$$

式中，箱容积利用率按 50% ~ 70% 计；完好率按 80% 计；其余同前。

③ 侧装密封车

$$侧装密封车数 = \frac{收集垃圾日平均产量}{桶额定容量 \times 桶容积利用率 \times 日单班装桶数定额 \times 日单班收集次数定额 \times 完好率}$$

式中，日单班装桶数定额按各省、自治区环卫定额计算；完好率按 80% 计；桶容积利用率按 50% ~ 70% 计；其余同前。

（3）收集车劳力配备

每辆收集车配备收集工人，需按车辆型号与大小、机械化作业程度、垃圾容器放置地点与容器类型等情形而定，最终须从工作经验的逐渐改善而确定劳力。一般情况，除司机外，人力装车的 3 t 简易自卸车配 2 人；人力装车的 5 t 简易自卸车配 3 ~ 4 人；多功能车配 1 人；侧装密封车配 2 人。

3. 收集作业时间

垃圾收集次数，在我国各城市住宅区、商业区基本上要求及时收集，即自产日清。大城市地区可依交通量、道路情况及起居作息时间等基本资料来解决清晨或夜间收集。收集时间大致可分为如下三种：

（1）日间收集：上午 9:00 至下午 15:00，垃圾可在早上 8:00 以后 9:00 以前依规定要求放至收集点。

（2）清晨收集：上午 6:00 至中午 12:00 完成作业。由于垃圾需要在前一晚放至收集点，因此，收集点易成散乱。

（3）夜间收集：早上 0:00 开始至上午 6:00 结束，适用于餐饮业较多的繁华地区。因夜间交通流量少，收集率高，但存在作业安全及噪声问题。

4. 清运路线

城市垃圾收集操作方法、收集车辆类型、收集劳力、收集次数和作业时间确定以后，就可着手设计收运路线，以便有效使用车辆和劳力。

收集清运工作安排的科学性、经济性，关键就是合理的收运路线。一般，收集线路的设计需要进行反复试算过程，没有能应用于所有情况的固定规则。

一条完整的收集清运路线大致由"实际路线"和"区域路线"组成。"实际路线"指的是垃圾收集车在指定的街区内所遵循的实际收集路线；"区域路线"是由装满垃圾后，收集车为运往转运站（或处理处置场）需走过的地区或街区组成。

收运路线的设计要求：每个作业日每条路线限制在一个地区，尽可能紧凑，没有断续或重复的线路；平衡工作量，使每个作业、每条路线的收集和运输时间都合理地大致相等；收集路线的出发点从车库开始，要考虑交通繁忙和单行街道的因素；在交通拥挤时间，避免在繁忙的街道上收集垃圾。

设计收集路线的一般步骤：① 准备适当比例的地域地形图，图上标明垃圾清运区域边界、道口、车库和通往各个垃圾集装点的装置、容器数、收集次数等，如果使用固定容器收集法，应标注各集装点垃圾量；② 资料分析，将资料数据概要列为表格；③ 初步收集路线设计；④ 对初步收集路线进行比较，通过反复试算进一步均衡收集路线，使每周各个工作日收集的垃圾量、行驶路程、收集时间等大致相等，最后将确定的收集路线画在收集区域图上。

（三）城市垃圾的转运

第三阶段为转运，特指垃圾的远途运输，即在中转站将垃圾转载至大容量运输工具上，运往远处的处理处置场（中转站到填埋场）。

1. 转运站的分类

转运站（即中转站）是指进行上述转运过程的建筑设施与设备。根据转运处理规模、转运作业工艺流程和转运设备对垃圾压实程度等不同情况，转运站可分为多种类型。

（1）按转运能力分类

小型转运站（日转运量 150 t 以下）、中型转运站（日转运量 150~45 t）、大型转运站（日转运量 450 t 以上）

（2）按装载方式及有无压实分类

① 直接倾斜装车（大型）：在大容量直接装车型转运站，垃圾收集车直接将垃圾倒进带拖挂的大型运输车或集装箱内（不带压实装置）。

② 直接倾斜装车（中、小型）：中小型转运站内设有一台固定式压实机和敞口料箱，经压实后直接推入大型运输工具上（如封闭式半挂车）。

③ 贮存待装：运到贮存待装型转运站的垃圾，先将垃圾卸到贮存槽内或平台上，再用辅助工具装到运输工具上。

④ 既可直接装车，又可贮存待装式转运站。

（3）按装卸料方法分类

① 高低货位方式：利用地形高度差来装卸料，也可用专门的液压台将卸料台升高或大型运输工具下降。

② 平面传送方：利用传送带、抓斗天车等辅助工具进行收集车的卸料和大型工具运输的装料，收集车和大型运输工具得停在一个平面上。

（4）按大型运输工具不同分类

① 公路运输

公路转运车辆是最主要的运输工具，使用较多的公路转运车辆有半拖挂转运车、液压式集装箱转运车和卷臂式转运车，如图 2-7 所示。由于集装箱密封好，不散发臭气与流溢污水，故用集装箱收集和转运垃圾是较理想的方法。

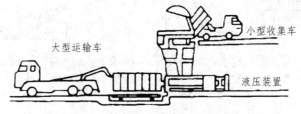

大型运输车　　小型收集车

液压装置

图 2-7　卷臂式转运车方式

② 铁路运输

对于远距离输送大量的城市垃圾来说，铁路运输是有效的解决方法。铁路运输城市垃圾常用的车辆有：设有专用卸车设备的普通卡车，有效负荷 10 ~ 15 t；大容量专用车辆，其有效负荷 25 ~ 30 t。图 2-8 是一种铁路中转站示意。

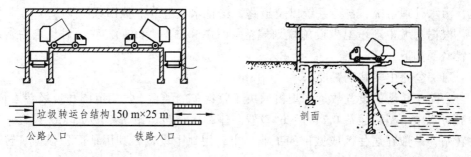

垃圾转运台结构150 m×25 m

公路入口　　　铁路入口

剖面

图 2-8　铁路垃圾中转站　　　　　　图 2-9　水路中转站

③ 水路转运

通过水路可廉价运输大量垃圾，故受到人们的重视。水路垃圾中转站需要设在河流或运河边，垃圾收集车可将垃圾直接卸入停靠在码头的驳船里。需要设计良好的装载和卸船的专用码头（卸船费用昂贵，常常是限制因素）。这种运输方式有下列优点：① 提供了把垃圾最后处理地点设在远处的可能性；② 省掉了不方便的公路运输，减轻了停车场的负担；③ 使用大容积驳船的同时保证了垃圾收集与处理之间的暂时存贮。图 2-9 是一种水路中转站示意图。

④ 真空管道输送

一种新型的生活垃圾收集输送系统，即采用管道气力输送转运系统，具有全封闭、卫生等特点。该系统主要由中心转运站、管道和各种控制阀等组成。中心转运站内装有若干台鼓风机、消声器、手动及自动控制阀、空气过滤阀、垃圾压缩机、集装箱以及其他辅助设施等。管道线路上装有进气口、截留阀、垃圾卸料阀、管道清理口等。垃圾管道中心收集站真空收集系统如图 2-10 所示。

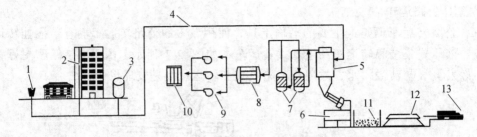

1—吸气口；2—楼道垃圾入口；3—地面垃圾入口；4—垃圾管道；5—旋风分离器；6—压缩机；
7—除尘机；8—脱臭装置；9—送风机；10—消音装置；11—垃圾专用容器；
12—垃圾专用容器移动装置；13—垃圾运输车

图 2-10　垃圾管道中心收集站真空收集系统

2. 转运站总体设计配置要求

在大中城市通常设置多个垃圾转运站，每个转运站必须根据需要配置必要的主体工程设施及相关辅助设施，如称重计量系统、受料及供料系统、除尘脱臭系统、污水处理系统、自控系统以及道路、给排水、电气、控制系统等。

根据《城市环境卫生设施规划规范》（GB50337—2003），我国对垃圾中转站设置概要如下：

（1）公路中转站配置要求

公路中转站的设置数量和规模取决于收集车的类型、收集范围和垃圾转运量，一般对于中小型转运站 0.7 ~ 1 km² 设置一座，大型转运站每 10 ~ 15 km² 设置一座中转站，一般在居住区或城市的工业、市政用地中设置，其用地面积根据日转运量确定见表 2-3。

表 2-3　城市垃圾转运站设置标准

转运量/（t/d）	用地面积/m²	与相邻建筑间距/m	绿化隔离带宽度/m
＞450	＞8000	＞30	≥15
150 ~ 450	2500 ~ 10 000	≥15	≥8
50 ~ 150	800 ~ 3000	≥10	≥5
＜50	200 ~ 1000	≥8	≥3

（2）铁路中转站一般要求

当垃圾处理场距离市区路程大于 50 km 时，可设置铁路运输中转站。中转站必须设置装卸垃圾的专用柜台以及与铁路系统衔接的调度、通信、信号等系统。如果在专用装卸站台两侧均设一条铁道，那么站台的长度会减少一半，并可设置轻型机帮助进行列车调度作业。

（3）水路运输中转站一般要求

水路中转站设置要有供卸料、停泊、调挡等作用的岸线。岸线长度应根据装卸量、装卸生产率、船吨位、河道允许船只停泊挡数确定。其计算公式为：

$$L=Wq+I \qquad\qquad （2-23）$$

式中　L——水路中转站岸线计算长度，m；

　　　W——垃圾日装卸量，t；

　　　q——岸线折算系数，m/t，见表2-4；

　　　I——附加岸线长度，m，见表2-4。

表2-4　水路运输转运站岸线计算表

船只吨位/t	停泊挡数	停泊岸线/m	附加岸线/m	岸线折算系数/（m/t）
30	二	110	15～18	0.37
30	三	90	15～18	0.30
30	四	70	15～18	0.24
50	二	70	18～20	0.24
50	三	50	18～20	0.17
50	四	60	18～20	0.17

表2-4中岸线为日装卸量300 t时所要求的停泊岸线。当日装卸量超过300 t时，用表中"岸线折算系数"进行计算。附加岸线系拖轮的停泊岸线。

水路转运站综合用地按每米岸线配备15～20 m²的陆上作业场地，周边还应设置宽度不小于5 m的绿化隔离带。

水路中转站还应有陆上空地作为作业区。陆上面积用以安排车道、大型装卸机械、仓储、管理等项目的用地。所需陆上面积按岸线规定长度配置，一般规定每米岸线配置不少于40 m²的陆上面积。

3. 转运站机械设备配置要求

（1）应依据转运站规模类型配置相应的机械设备。中小型以下规模的转运站，宜配置刮板式压缩设备；中型及大型以上的转运站，宜采用活塞式压缩设备。

（2）多个同一工艺类型的转运车间或工位的配套机械设备，应选用同一类型、规格，以提高站内机械设备的通用性和互换性，并便于转运站的建造和运行维护。

（3）转运站机械设备的工作能力应按日有效运行时间不大于4 h考虑，使其与转运站车间（工位）的设计规模（t/d）相匹配，以保持转运站可靠的转运能力并留有调整余地。

4. 转运站环境保护与劳动安全卫生

城市垃圾转运站操作管理不善，给环境带来不利影响，将引起附近居民的不满。故大多数现代化及大型转运站都采用封闭形式，注意规范作业，并采取一系列环保措施：

（1）转运站应通过合理布局建构筑物、设置绿化隔离带、配备污染防治设施和设备等多种措施，对转运过程中产生的二次污染进行有效防治。

（2）要结合垃圾转运车间（工位）的工艺设计，强化在装卸垃圾等关键位置的通风、降除臭等措施；大型及以上转运站必须设置独立的抽排风、除臭系统。

（3）配套的运输车辆必须具有良好的整体密封性能，以避免渗滤液滴漏、尘屑散落、臭气散逸。

（4）通过减震、隔声等措施，将转运作业过程产生的噪声控制在《城市区域噪声标准》（GB 3096）允许的范围之内。

（5）根据转运站所在地区水环境质量要求和污水收集、处理系统等具体条件，选择恰当的污水排放、处理形式。使其达到国家有关现行标准及当地环境保护部门的要求。

（6）在转运站的相应位置设置交通管制标示、烟火管制提示等安全标志。

（7）转运站一般均设有防火装置。

（8）在转运站内必须设置杀虫灭害设施及装置。

5. 转运站的选址

转运站选择应符合城镇总体规划和环境卫生专业规划的基本要求：尽可能位于垃圾收集中心或垃圾产量多的地方；靠近公路干线及交通方便的地方；居民和环境危害最少的地方；进行建设和作业最经济的地方。此外，中转站选址应考虑便于废物回收利用及能源生产的可能性。

6. 转运站工艺设计

在规划和设计转运站时，应考虑以下几个因素：① 每天的转运量；② 转运站的结构类型；③ 主要设备和附属设施；④ 对周围环境的影响。

假定某中转站要求：① 采用挤压设备；② 高低货位方式装卸料；③ 机动车辆运输。

其工艺设计如下：垃圾车在货位上的卸料台卸料，倾入低货位上的压缩机漏斗内，然后将垃圾压入半拖挂车内，满载后由牵引车拖运，另一辆半拖挂车装料。

设计步骤如下：

（1）卸料平台数量（A）

该垃圾中转站每天的工作量可按下式计算：

$$E=MW_yk_1/365 \qquad （2-24）$$

式中　E——每天的工作量，t/d；

　　　M——服务区的居民人数，人；

　　　W_y——垃圾年产量，t/(人 a)；

　　　k_1——垃圾产量变化系数（参考值 1.15）。

一个卸料台工作量的计算公式为

$$F=t_1/(t_2k_t) \qquad （2-25）$$

式中　F——卸料台 1 天接受清运车数，辆/d；

　　　t_1——中转站 1 天的工作时间，min/d；

　　　t_2——一辆清运车的卸料时间，min/辆；

　　　k_t——清运车到达的时间误差系数。

则所需卸料台数量为

$$A=E/(WF) \qquad （2-26）$$

式中　W——清运车的载重量，t/辆。

（2）压缩设备数量（B）：

$$B=A$$

（3）牵引车数量（C）

为一个卸料台工作的牵引车数量，按公式计算为

$$C_1=t_3/t_4 \qquad （2-27）$$

式中　C_1——牵引车数量；

　　　t_3——大载重量运输车往返的时间；

　　　t_4——半拖挂车的装料时间。

其中半拖挂车装料时间的计算公式为

$$t_4=t_2nk_4 \qquad （2-28）$$

式中　n——一辆半拖挂车装料的垃圾车数量。

因此，该中转站所需的牵引车总数为

$$C=C_1A \qquad （2-29）$$

（4）半拖挂车数量（D）

半拖挂车是轮流作业，一辆车满载后，另一辆装料，故半拖挂车的总数为

$$D=（C_1+1）A \qquad （2-30）$$

三、危险废物的收集、贮存与运输

（一）危险废物的收集容器

盛装危险废物的容器装置可以使钢圆筒、钢罐或塑料制品，其外形如图 2-12 所示。所有装满废物的待走的容器或贮罐都应标明内盛物的类别与危害说明，以及数量和装进日期。危险废物的包装应足够安全，并经过周密检查，严防在装载、搬移或运输途中出现渗漏、溢出、抛洒或挥发等情况。否则，将引发所在地区大面积的环境污染。

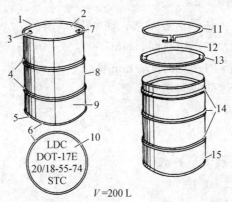

（a）带塞钢圆桶　　（b）带卡箍钢圆桶

1—顶箍；2—顶盖；3—气孔；4—加固箍；5—底箍；6—桶底；7—塞（打紧）；
8—桶身；9—咬口；10—制造厂家说明；11—螺栓箍；12—螺栓；
13—顶盖；14—加固圈；15—底箍

图 2-11　危险废物盛装容器示例图

盛装危险废物的容器与盛装废物的匹配，危险废物贮存容器见表 2-5。禁止混合收集性质不相容且未经安全性处置的危险废物。

表 2-5　危险废物贮存专用容器汇总表

危险废物种类	容器		辅助用具及使用条件
	类型	容积/m³	
放射性废物	铅皮混凝土容器	随废物量而定	隔离贮存，起重设备和照明装置
	有衬里的金属圆筒	0.20	注明专用容器标记
有毒化学废物	金属圆筒	0.20	空容器清洗设施
	有衬里的金属圆筒	0.20	预防发生危险反应的专用设备
	贮存槽	0.20	—

危险废物种类	容 器		辅助用具及使用条件
	类型	容积/m³	
生物性废物	密封塑料袋	0.12	装袋前高温灭菌
	有衬里的金属圆筒	0.20	对危险性的大型包装袋应注明标记
易燃废液	金属圆筒	0.20	换气及温度控制
	贮存槽	大于20	—
易爆废物	防振容器	随意	温度控制，专用容器标记

（二）危险废物的收集与贮存

危险废物来源广泛，产生于人类生活以及工业、农业和商业等生产部门。危险废物与一般废物相比，如果在其收集、运输和储存过程中管理不善，它可能对人类和环境造成严重的危害。因此，在危险废物的收集、运输和储存过程中，比一般废物的收集、运输和储存具有更加严格的要求。

放置在场内的桶或带盖装危险废物可由生产者直接运往场外的收集中心或回收站，也可以通过地方主管部门配备的专用运输车辆按规定路线运往指定的地点贮存或做进一步处理（图 2-12）。

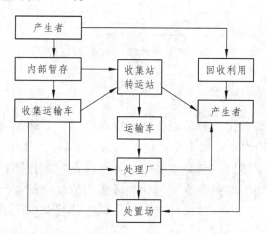

图 2-12　危险废物收集与转运方案

典型的危险废物收集站由砌筑的防火墙及铺设有混凝土地面的若干库房式构筑物组成，贮存废物的库房内应保证空气流通，以防止具有毒性和爆炸性的气体集聚而发生危险。入库的危险废物应进行详细登记其类型、名称、数量等有关信息，并按照危险废物的不同特征分别妥善保管。

危险废物转运站的位置选择在交通路网便利的场所或其附近，由设有隔离带或埋在地下液态危险废物贮罐、油分离系统及盛有废物的桶或罐等库房群组成。危险废物转运站内工作人员应严格执行危险废物的交接手续，按时将所存放的危险废物如数装入运往危险废物处理场的运输车厢，由运输车的工作人员确保运输途中的安全。

典型的危险废物转运站内部的典型运作方式如图 2-13 所示。

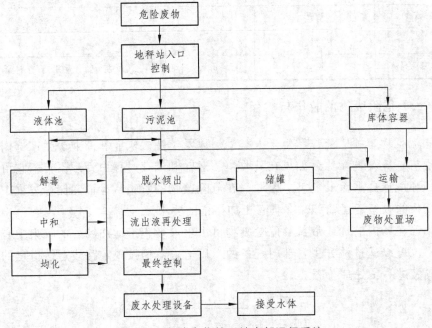

图 2-13　危险废物转运站内部运行系统

（三）危险废物的运输

危险废物的运输方式主要采用公路运输方式，为了确保危险废物公路运输过程中的安全，在采用汽车作为主要运输工具时应采取如下措施：

（1）危险废物运输的车辆必须经过主管部门审查，并持有有关单位签发的许可证；承载危险废物的车辆需有明显标志或适当的危险符号，以引起关注；承载危险废物的车辆在公路上行驶需持有运输许可证，其上应注明废物的来源、性质和运送目的地。

（2）负责危险废物运输的司机应由经过培训并持有证明文件的人员担任，必要时须由专业人员负责押运。

（3）组织运输危险废物的单位，事先应制订出周密的运输计划，确定好行驶路线，并提出废物泄漏时的有效应急措施。

此外，为保证危险废物运输的安全无误，可采用一种文件跟踪系统，并应形成制度。在其开始即由废物生产者填写一份记录废物产地、类型、数量等情况的运货清单经主管部门批准，然后交由废物运输承担着负责清点并填写装货日期、签名并随身携带，再按货单要求分送有关处所，最后将剩余一单交由原主管检查，并存档保管备查。

任务三　移动容器收集操作设计

❖ 任务描述 ❖

某住宅区生活垃圾量约 $280\ \mathrm{m^3}$/周，拟用一垃圾车负责清运工作，实行改良操作法的移动式清运。已知该车每次集装容积为 $8\ \mathrm{m^3}$/次，容器利用系数为 0.67，垃圾车采用八小时工作制。试求为及时清运该住宅垃圾，每周需出动清运多少次？累计工作多少小时？经调查已知：平均运输时间为 $0.512\ \mathrm{h}$/次，容器装车时间为 $0.033\ \mathrm{h}$/次；容器放回原处时间 $0.033\ \mathrm{h}$/次，卸车时间 $0.022\ \mathrm{h}$/次；非生产时间占全部工时 25%。

❖ 实施方法 ❖

（1）集装时间：

$$P_{hcs} = t_{pc} + t_{uc} + t_{dbc} = 0.033 + 0.033 + 0 = 0.066\ (\mathrm{h/次})$$

（2）清运一次所需时间：

$$T_{hcs} = \frac{P_{hcs} + s + t}{1 - w} = \frac{0.066 + 0.022 + 0.512}{1 - 0.25} = 0.80\ (\mathrm{h/次})$$

（3）每日每车行程数：

$$N_d = \frac{H}{T_{hcs}} = \frac{8}{0.8} = 10\ (\mathrm{次/d})$$

（4）每周所需行程数：

$$N_w = \frac{V_w}{V \cdot f} = \frac{280}{8 \times 0.67} \approx 52.2\ (\mathrm{次/周})$$

进位取整，53 次/周。

（5）每周所需工作时间：

$$D_w = N_w \cdot T_{hcs} = 53 \times 0.8 = 42.4\ (\mathrm{h/周})$$

任务四 固定容器收集操作设计

❖ 任务描述 ❖

某住宅区共有 1000 户居民，由 2 个工人负责清运该区垃圾。试按固定式清运方式，计算每个工人清运时间及清运车容积，已知条件如下：每一集装点平均服务人数 3.5 人；垃圾单位产量 1.2 kg/（d·人）；容器内垃圾的容重 120 kg/m³；每个集装点设 0.12 m³ 的容器 2 个；收集频率每周一次；收集车压缩比为 2；来回运距 24 km；每天工作 8 h，每次行程 2 次；卸车时间 0.10 h/次；运输时间 0.29 h/次；每个集装点需要的人工集装时间为 1.76 分/（点·人）；非生产时间占 15%。

❖ 实施方法 ❖

（1）集装时间：

按公式 $N_d=H/T_{hcs}$ 反求集装时间：

$$H=N_d(P_{scs}+S+h)/(1-w)$$

所以 $\quad P_{scs}=(1-w)H/N_d-(S+h)=[(1-0.15)\times 8/2-(0.10+0.29)]=3.01(h/次)$

（2）一次行程能进行的集装点数目：

$$N_p=60\,P_{scs}\,n/t_p=60\times 3.01\times 2/1.76=205（点/次）$$

（3）每集装点每周的垃圾量换成体积数为

$$V_p=(1.2\times 3.5\times 7/120)=0.285（m³/次）$$

（4）清运车的容积应大于：

$$V=V_pN_p/r=0.285\times 205/2=29.2（m³/次）$$

（5）每星期需要进行的行程数：

$$N_w=T_pF/N_p=1000\times 1/205=4.88（次/周）$$

（6）每个工人每周需要的工作时间参照式 $D_w=[N_w\,P_{scs}+t_w(S+a+bx)]/[(1-w)H]$：

$$D_w=[N_wP_{scs}+t_w(S+a+bx)]/[(1-w)H]$$
$$=[4.88\times 3.01+5(0.10+0.29)](1-0.15)\times 8]$$
$$=2.45（d/周）$$

任务五　住宅收运系统设计

❖ 任务描述 ❖

某高级别墅住宅区，拥有 1000 户居民，请为该区设计垃圾收运系统。对两种不同的人工收运系统进行评价。第一种是侧面装运垃圾车，配备一名工人；第二种系统是车尾装运垃圾车，配备两名工人。试计算垃圾收集车的大小，并比较不同收运系统所需的工作量，以下数据供参考：

（1）每个垃圾收集点服务居民数量：3.5 人；

（2）人均垃圾产生量：2.5 lb/（人·d）（1 lb=0.4536 kg）；

（3）容器中垃圾密度：200 lb/yd³（1 lb/yd³=0.59 kg/m³）；

（4）每个垃圾收集点设置容器：两个 32 加仑（1 加仑=3.785 dm³）的容器和 1.5 个硬纸箱（平均 20 加仑）；

（5）收集频率：1 次/周；

（6）收集车压缩系数：$r=2.5$；

（7）往返运输距离：$x=35$ mi（1 mi=1.609 km）；

（8）每天工作时间：$H=8$ h；

（9）每天运输次数：$N_d=2$；

（10）始发点（车库）至第一个收集点时间 $t_1=0.3$ h；

（11）最后一个收集点至车库的时间 $t_2=0.4$ h；

（12）非生产因子：$w=0.15$；

（13）速度常数：$a=0.016$ h，$b=0.018$ h/mi；

（14）处置场停留时间：$S=0.10$ h。

❖ 实施方法 ❖

（1）装载时间：

用下式计算每天需要的时间：

$$N_d=[H(1-w)-(t_1+t_2)]/(P_{hcs}+S+a+bx)$$

则
$$P_{hcs}=[H(1-w)-(t_1+t_2)]/N_d-(S+a+bx)$$
$$=[8\times(1-0.15)-(0.3+0.4)]/2-(0.1+0.016+0.018\times35)=3.05-0.75$$
$$=2.30（h）$$

（2）每个收集点需要的转载时间：

① 一个工人：t_p=0.92 人·min/收集点

② 两个工人：$t_p=d_{bc}+k_1c_n+k_2P_{rh}=0.72+0.18C_n$（使用经验数值）

$$=0.72+0.18×3.5=1.35（人·min/收集点）$$

（3）能收集的废物收集点的数量：

① 一个工人：$N_p=60\ P_{scs}\ n/t_p=60×2.3×1/0.92=150（个）$

② 两个工人：$N_p=60\ P_{scs}\ n/t_p=60×2.3×2/1.35=204（个）$

（4）每周每个收集点产生的垃圾量

$$V=2.5×3.5×7/200=0.306（yd^3）$$

（5）需要的垃圾车的容量

① 一个工人：$V=V_pN_p/r=0.306×150/2.5=18.4（yd^3）$（用 18 yd^3 的垃圾车即可）

② 两个工人：$V=V_pN_p/r=0.306×204/2.5=25（yd^3）$（用 25 yd^3 的垃圾车即可）

（6）每周需要运输次数

① 一个工人：$N_w=T_pF/N_p=1000×1/150=6.67（次/周）$

② 两个工人：$N_w=T_pF/N_p=1000×1/204=4.90（次/周）$

（7）需要的工作量

① 一个工人

$$1.0×[6.67×2.3+7×(0.10+0.016+0.018×35)]/(1-0.15)×8=3.02(工日/周)$$

② 两个工人

$$2.0×[4.9×2.3+5×(0.10+0.016+0.018×35)]/(1-0.15)×8=4.41（工日/周）$$

任务六　收运路线设计

❖ 任务描述 ❖

图 2-14 所示为某收集服务小区（步骤 1 已在图上完成）。请设计移动式和固定式两种收集操作方法的收集路线。两种收集操作方法若在每日 8 h 中必须完成收集任务，请确定处置场距 B 点的最远距离可以是多少？

已知有关数据和要求如下：

（1）收集次数为每周 2 次的集装点，收集时间要求在星期二、五 2 天；

（2）收集次数为每周 3 次的集装点，收集时间要求在星期一、三、五 3 天；

（3）各集装点容器可以位于十字路口任何一侧集装；

（4）收集车车库在 A 点，从 A 点早出晚归；

（5）移动容器收集操作从星期一至星期五每天进行收集；

（6）移动容器收集操作法按交换式[图 2-1（b）]进行，即收集车不是回到原处而是到下一个集装点；

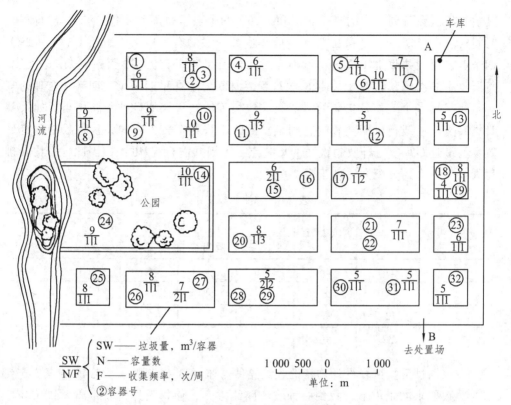

图 2-14　某住宅区地形图

（7）移动容器收集操作法作业数据：容器集装和放回时间为 0.033 h/次，卸车时间为 0.053 h/次；

（8）固定容器收集操作每周只安排四天（星期一、二、三和五），每天行程一次；

（9）固定容器收集操作的收集车选用容积 35 m³ 的后装式压缩车，压缩比为 2；

（10）固定容器收集操作法作业数据；容器卸空时间为 0.050 h/次，卸车时间为 0.10 h/次；

（11）容器间估算行驶时间常数 $a=0.060$ h/次，$b=0.067$ h/km；

（12）确定两种收集操作的运输时间、使用运输时间常数为 $a=0.080$ h/次，$b=0.025$ h/km；

（13）非收集时间系数两种收集操作均为 0.15。

❖ 实施方法 ❖

1. 移动容器收集操作法的路线设计

（1）根据图 2-14 提供资料进行分析（步骤 2）。收集区域共有集装点 32 个，其中收集次数每周三次的有（11）和（20）两个点，每周共收集 3×2=6 次行程，时间要求在星期一、三、五 3 天；收集次数两次的有（17）、（27）、（28）、（29）四个点，每周共收集 4×2=8 次行程，时间要求在星期二、五 2 天；其余 26 个点，每周收集一次，其收集 1×26=26 次行程，时间要求在星期一至星期五。合理的安排是使每周各个工作日集装的容器数大致相等以及每天的行驶距离相当。如果某日集装点增多或行驶距离较远，则该日的收集将花费较多时间并且将限制确定处置场的最远距离。三种收集次数的集装点，每周共需行程 40 次，因此，平均安排每天收集 8 次，分配办法列于表 2-6。

表 2-6　容器收集安排

收集次数/周	集装点数	行程数/周	每日倒空的容器数				
			星期一	星期二	星期三	星期四	星期五
1	26	26	6	4	6	8	2
2	4	8	—	4	—	—	4
3	2	6	2	—	2	—	—
共计	32	40	8	8	8	8	8

（2）通过反复试算设计均衡的收集路线（步骤 3 和步骤 4）。在满足表 2-6 规定的次数要求的条件下，找到一种收集路线方案，使每天的行驶距离大致相等，即 A 点到 B 点间行驶距离约为 86 km。每周收集路线设计和距离计算结果在表 2-7 中列出。

表 2-7　移动容器收集操作法的收集路线

集装点	收集路线 星期一	距离/km	集装点	收集路线 星期二	距离/km	集装点	收集路线 星期三	距离/km	集装点	收集路线 星期四	距离/km	集装点	收集路线 星期五	距离/km
	A至1	6		A至7	1		A至3	2		A至2	4		A至13	2
1	1至B	11	7	7至B	4	3	3至B	7	9	2至B	9	13	13至B	5
9	B至9至B	18	10	B至10至B	16	8	B至8至B	20	6	B至6至B	12	5	B至5至B	16
11	B至11至B	14	14	B至14至B	14	18	B至4至B	16	18	B至18至B	6	11	B至11至B	14
20	B至20至B	10	17	B至17至B	8	11	B至11至B	14	15	B至15至B	8	17	B至17至B	8
22	B至22至B	4	26	B至26至B	12	12	B至12至B	16	16	B至16至B	8	20	B至20至B	10
30	B至30至B	6	27	B至27至B	10	20	B至20至B	10	24	B至24至B	16	27	B至27至B	10

集装点	收集路线 星期一	距离/km	集装点	收集路线 星期二	距离/km	集装点	收集路线 星期三	距离/km	集装点	收集路线 星期四	距离/km	集装点	收集路线 星期五	距离/km
19	B 至 19 至 B	6	28	B 至 28 至 B	8	21	B 至 21 至 B	4	25	B 至 25 至 B	16	28	B 至 28 至 B	8
23	B 至 23 至 B	4	29	B 至 29 至 B	8	31	B 至 31 至 B	0	32	B 至 32 至 B	2	29	B 至 29 至 B	8
	B 至 A	5		B 至 A	5		B 至 A	5		B 至 A	5		B 至 A	5
共计		84	共计		86	共计		86	共计		86	共计		86

（3）确定从 B 点至处置场的最远距离。

① 求出每次行程的集装时间。因为使用交换容器收集操作法，故每次行程时间不包括容器间行驶时间：

$$P_{hcs}=t_{pc}+t_{uc}=(0.033+0.033)\text{h/次}=0.066（\text{h/次}）$$

② 利用公式 $N_d=H/T_{hcs}$ 求往返运距：

$$H=N_d(P_{hcs}+S+a+bx)/(1-w)$$

即 $8=8×(0.066 + 0.053 + 0.08 + 0.025x)/(1-0.15)$

$$x=26（\text{km/次}）$$

③ 最后确定从 B 点至处置场距离。因为运距 x 包括收集路线距离在内，将其扣除后除以往返双程，便可确定从 B 点至处置场最远单程距离：

$$1/2×(26-86/8)=7.63（\text{km}）$$

2. 固定容器收集操作法的路线设计

（1）用相同的方法可求得每天需收集的垃圾量，安排如表 2-8 所列。

表 2-8　移动容器收集操作法的收集路线

收集次数/（次/周）	总垃圾量	每日倒空的容器数				
		星期一	星期二	星期三	星期四	星期五
1	1×178	53	45	52	0	28
2	2×24	—	24	—	0	24
3	3×17	17	—	17	0	17
共计	277	70	69	69	0	69

（2）根据所收集的垃圾量，经过反复试算制定均衡的收集路线，每日收集路线列于表 2-9；A 点和 B 点间每日的行驶距离列于表 2-10。

表2-9 移动容器收集操作法的收集路线

星期一		星期二		星期三		星期五	
集装次序	垃圾量/m³	集装次序	垃圾量/m³	集装次序	垃圾量/m³	集装次序	垃圾量/m³
13	5	2	6	18	8	2	4
7	7	1	8	12	4	10	10
6	10	8	9	11	9	11	9
4	8	9	9	20	8	14	10
5	8	15	6	24	9	17	7
11	9	16	6	25	4	20	8
20	8	17	7	26	3	27	7
19	4	27	7	30	5	28	5
23	6	28	5	21	7	29	5
32	5	29	5	22	7	31	5
总计	70	总计	68	总计	69	总计	70

表2-10 A点和B点之间每日的行驶距离

时间	星期一	星期二	星期三	星期五
行驶距离/km	26	28	26	22

（3）从表2-10中可以看到，每天行程收集的容器数为10个，故容器间的平均行驶距离为

$$25.5/10=2.55(km)$$

利用公式 $P_{scs}=c_t(t_{uc})+(N_p-1)(t_{dbc})$ 可以求出每次行程的集装时间：

$$P_{scs}=c_t(t_{uc}+t_{dbc})=c_t(t_{uc}+a+bx)=10\times(0.05+0.06+0.067\times2.55)=2.81（h/次）$$

（4）利用公式 $P_{scs}=(1-w)H/N_d-(S+a+bx)$ 求从B点到处置场的往返运距：

$$H=N_d(P_{scs}+S+a+bx)/(1-w)$$

$$8=1\times(2.81+0.10+0.08+0.025x)/(1-0.15)$$

$$x=152.4（km）$$

（5）确定从B点至处置场的最远距离：

$$152.4/2=76.2（km）$$

思考与练习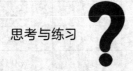

（1）请说明生活垃圾收运系统一般包括的主要阶段，并请简要分析各阶段的主要特点。

（2）固体废物的收集方式主要哪些？你所在的城市采用哪些方式收集垃圾的？

（3）确定城市生活垃圾收集线路时应考虑哪些因素？试在你们学校地图上设计一条高效率的废物收集路线。

（4）容器收集垃圾的方式有何优缺点？如何确定每个收集点的容器数量？

（5）转运站设计时应考虑哪些因素？转运站选址时应注意哪些问题？

（6）危险废物收集和运输过程中应注意哪些事项？

（7）一较大居民区，每周产生的垃圾总量大约为 460 m^3，每栋房子设置两个垃圾收集容器，每个容器的容积为 154 L。每周人工收运垃圾车收集一次垃圾，垃圾车的容量为 27 m^3，配备工人两名。试确定垃圾车每个往返的行驶时间以及需要的工作量。处置场距离居民区 26 km；速度常数 a 和 b 分别为 0.022 h 和 0.013 75 h/km；容器利用效率为 0.7；垃圾车的压缩系数为 2；每天工作时间按 8 h 考虑。

（8）垃圾收集工人和官员之间发生了一场纠纷，争执的中心是关于收集工人非工作时间的问题。收集工人说他每天的非工作时间不会超过 8 h 工作日的 15%，而官员则认为收集工人每天的非工作时间肯定超过了 8 h 工作日的 15%。请你作为仲裁者对这一纠纷做出公正的评判，下列数据供你评判时参考：收运系统为移动容器收运操作系统；从车库到第一个收集点以及从最后一个收集点返回车库的平均时间分别为 15 min 和 20 min，行驶过程中不考虑非工作因素；每个容器的平均转载时间为 6 min；在容器质之间的平均行驶时间为 6 min；在处置场卸垃圾的平均时间为 6 min；收集点到处置场的平均往返距离为 16 km，速度常数 a 和 b 分别为 0.004 h 和 0.0125 h/km；放置空容器的时间为 6 min；每天清运的容器数量为 10 个。

（9）请根据你学校不同场所产生废物的特点，制订一份废物分类收集的方案建议书。

综合实训一 城市垃圾收集路线设计

1. 题 目

在校园的地形图上设计一条高效率的收集废物路线。

2. 要 求

（1）了解所在城市的生活垃圾收集方式。

（2）掌握垃圾收集的操作方法，收集车辆、劳动力及收集次数和时间的确定方法。

（3）掌握垃圾运送路线设计的最佳方案。

项目三 固体废物的预处理

❖ **学习目标** ❖

（1）熟悉各固体废物预处理方法的原理，让学生掌握固体废物预处理的目的、各种方法以及各自的优缺点。

（2）熟悉预处理工艺设计的一般原理、方法，并较熟练叙述各种预处理方法的原理和各自的适用对象。

（3）能独立思考，针对某实际情况设计出简单的预处理工艺。

❖ **基础知识** ❖

固体废物的预处理，是指为了便于运输、贮存、进一步利用或处置，而对固体废物采取的初步简单处理，一般都是采用物理处理方法。常用的预处理方法有：压实、破碎、分选、增稠、脱水等。

一、固体废物的压实

固体废物的压实，又称压缩，通过外力施压于松散的固体废物，使其体积缩小并变得密实的操作。

压实的目的：①增大固体废物的容重，使其体积减小，以便于装卸和运输，确保运输安全与卫生，降低运输成本；②制取高密度惰性块料，便于贮存、填埋或作为建筑材料使用。

（一）压实原理

压实的物理基础：固体废物三相组成，固体颗粒和颗粒之间的空隙（空气和水分），它们三者之间的关系可以由以下公式表示

$$V_m = V_s + V_v \qquad (3\text{-}1)$$

式中　V_m——固体废物的表观体积；

V_s——固体颗粒体积（包括水分）；

V_v——空隙体积。

容重：固体废物的干密度，用 ρ 表示。

$$\rho = \frac{W_s}{V_m} = \frac{W_m - W_{H_2O}}{V_m} \qquad (3\text{-}2)$$

式中　W_s——固体废物颗粒质量；

W_m——固体废物总质量；

W_{H_2O}——固体废物中水分质量；

V_m——固体废物的表观体积。

由以上公式可以看出，当对固体废物实施压实操作时：随着压力的增加，空隙体积减小，表现体积也随之下降，而容重增大。

固体废物经过压实处理后体积减小的程度叫压缩比 R：

$$R = \frac{V_{m前}}{V_{m后}} \qquad (3\text{-}3)$$

固体废物压实处理的优点：① 减轻环境污染；② 快速安全造地；③ 节省填埋或贮存场地。

压实的适用对象：主要适用于压缩性能大而复原性小的物质，如冰箱、洗衣机、纸箱、纸袋、纤维、废金属细丝等。有些固体废物如木头、玻璃、金属、塑料块等本身已经很密实的固体或是焦油、污泥等半固体废物不宜作压实处理。

固体废物的种类及施加的压力决定压缩比。一般压缩倍数为 3~5。若同时采用破碎与压实两种技术可使压缩倍数增加到 5~10。

生活垃圾的收集都采用压实操作以减小垃圾体积、增加垃圾车的收集量。一般生活垃圾压实后，体积可减少 60%~70%（压缩倍数为 2.5~3.3）。

（二）压实设备：压实器

固体废物的压实设备种类很多，外观形状和大小各不相同，但其构造和工作原理大体相同。

1. 固定式压实器

固定式压实器只能定点使用，主要由以下两部分组成：① 容器单元：接受废物并把废物送入压实单元；② 压实单元：具有液压或气压操作的压头，利用高压使废物致密化。

一般设在工厂内部、废物转运站、高层住宅垃圾滑道底部等场合，可分为：① 小型家庭用压实器：一般安装在厨房下面，可用于一些家庭生活垃圾的收集和压实；② 大型工业压缩机：可将汽车压缩，每日可以压缩数千吨垃圾。

常用的固定式压实器有三类：① 水平压实器：钢制容器（图 3-1）；② 三向联合压实器（图 3-2），适合压实松散的金属废物。它具有三个互相垂直的压头，固体废物被置于容器单元内，依次启动压头 1、2、3，使固体废物的空间体积逐渐缩小，容积密度增大，最终达到一定的尺寸，一般能达到 200～1000 mm；③ 回转式压实器（图 3-3），固体废物装入容器单元后，先按水平压头 1 的方向压缩，然后按箭头方向驱动旋转压头 2，最后按压水平压头 3，将废物压至一定尺寸后排出。这种压实器适用于体积小、质量轻的固体废物。

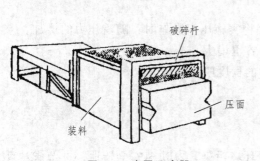

图 3-1　水平压实器

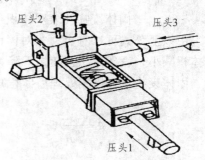

图 3-2　三向联合压实器

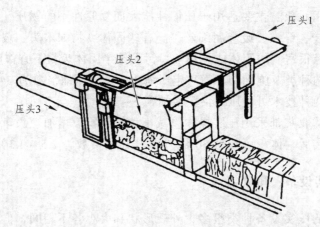

图 3-3　回转式压实器

2. 移动式压实器

带有行驶轮或可在轨道上行驶的压实器称为移动式压实器。带有行驶轮的移动式压实器主要用于填埋场直接对固体废物进行压实，比如高履带压实机[图 3-4（a）]、钢轮压实机[图 3-4（b）]。在轨道上行驶的压实器可安装在中转站和垃圾车上压实已装载废物的垃圾车所接受的废物。为压实垃圾，增加填埋容量，可采用各种方式和各种类型的压实机具。在垃圾填埋场，按压实过程工作原理，移动式压实器可分为碾（滚）压、夯实、振动三种，相应有碾（滚）压实机、夯实压实机、振动压实机三大类，垃圾的压实处理主要采用碾（滚）压方式。

（a）高履带压实机　　　　　　　　　（b）钢轮压实机

图 3-4　填埋场常用的移动式压实机

（三）压实流程

压实是固体废物预处理方法之一，压实是为了便于存放和运输，然而是否选用压实处理以及压实程度如何，则需根据具体情况，综合考虑，遵循"利于后续处理"的原则。如果对垃圾只做填埋处理，深度压实无疑是一种最好的预处理方法。

美国、日本等国家对垃圾进行压缩填埋的处理应用比较广泛，一般的工作流程见图 3-5。

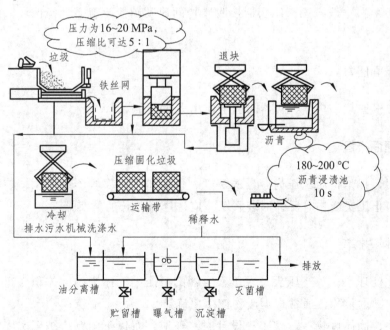

图 3-5　城市垃圾压缩处理工艺流程

首先将垃圾装入四周垫有铁丝网的容器中，然后送入压缩机进行压缩（工作压力为 16 ~ 20 MPa，压缩比可达 5：1)，接着压缩后的垃圾浸入熔融的沥青浸渍池中，涂浸沥青防漏，最后将冷却固化后的垃圾块通过运输皮带装车运往垃圾填埋场进行填埋处理。在压缩过程中产生的污水经油水分离槽进入活性污泥处理系统，处理后经灭菌槽灭菌后排放。

（四）压实器的选择

应根据压实物的性质选择压实器的种类，且选择的压实器的性能参数能满足实际压缩的具体要求。压实器的性能参数主要有以下几方面：

1. 装载面尺寸

装载面尺寸应足够大，以便容纳产生的最大件的废物。若压实器的容器用垃圾车装填，为了操作方便，装载面尺寸应选择至少能处理已满车垃圾的压实器。

2. 循环时间

循环时间是指压头的压面从装料箱把废物压入容器，再回到原来的完全缩回位置，并且准备下一次装载废物所需要的时间。循环时间的变化范围很大，通常为 20 ~ 60 s。一般来说，压实器接收废物的速度越快，就需选择循环时间越短的压实器。

3. 压面压力

通常根据某一具体压实器的额定作用力来确定。

4. 压面行程

压面行程是指压面压力容器的深度，压头压入压实容器中越深，装填就越有效。为防止压实废物时反弹回装载区，应选择行程长的压实器。

5. 体积排率

也称处理率，等于压头每次压入容器的可压缩固体废物的体积与每小时机器的循环次数的乘积。通常根据废物产生率确定。

另外，固体废物在压实工程设计时，还应注意以下问题：被压实废物的物理特征、供料传输方式、对压实后废物的处理方法与利用途径、压实机械特征参数、压实机械的操作特性、操作地点选择等。

二、固体废物的破碎

固体废物的破碎是指利用人力或机械等外力的作用，破坏固体废物质点间的内聚力和分子间作用力，而使大块固体废物破碎成小块的过程。磨碎是指小块固体废物颗粒分裂成细粉的过程。

（一）破碎的基本理论

1. 固体废物的机械强度

固体废物破碎的难易程度，通常用机械强度或硬度来衡量。机械强度是指固体废物抗破碎的阻力，通常用静载下测定的抗压强度、抗拉强度、抗剪强度和抗弯强度来表示，它们之间的关系如下：抗压强度＞抗剪强度＞抗弯强度＞抗拉强度。其中，抗压强度：① 大于 250 MPa 者称为坚硬固体废物；② 40～250 MPa 者称为中硬固体废物；③ 小于 40 MPa 者称为软固体废物。

固体废物的机械强度与废物颗粒的粒度有关。一般来说，粒度小的废物颗粒，机械强度更高，破碎难度也就更大。

硬度是指固体废物抵抗外力机械侵入的能力。鉴于硬度在一定程度上反映固体废物被破碎的难易程度，因而在实际工程中可用废物的硬度来表示是否易破碎。

硬度表示方法：

（1）各种固体废物的硬度可对照矿物硬度确定：矿物的硬度可按莫氏硬度分为十级，其软硬排列顺序如下：滑石、石膏、方解石、萤石、磷灰石、长石、石英、黄玉石、刚玉和金刚石。

（2）按废物破碎时的性状确定：按废物在破碎时的性状，固体废物可分为最坚硬物料、坚硬物料、中硬物料和软质物料四种，如表3-1所示。

表 3-1 各种硬度物料的分类

软质物料	中硬物料	坚硬物料	最坚硬物料
石棉矿	石灰石	铁矿物	花岗岩
石膏矿	白云石	金属矿石	刚 玉
板 石			
砂 岩	电 石	碳化硅	
软质石膏板	泥灰石	矿 渣	硬质熟料
烟 煤	岩 盐	烧结产品	烧结镁砂
褐 煤		韧性化工原料	
方 土		烁 石	

2. 破碎方法

（1）干式破碎：按照破碎固体废物是否消耗能量分为机械能破碎和非机械能破碎两类。机械能破碎是利用破碎工具如齿板、锤子、钢球对固体废物施力而将其破碎，包括冲击破碎、挤压破碎、剪切破碎、摩擦破碎等；非机械能破碎是利用电能、热能等对固体废物进行破碎的新方法，包括低温破碎、热力破碎、减压破碎、超声波破碎和磨碎等方法。目前广泛应用的是机械能破碎，主要有压碎、劈碎、折断、磨剥和冲击破碎等方法（图3-6）。

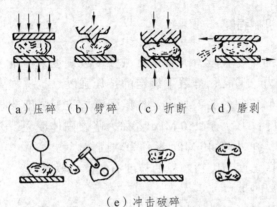

（a）压碎　（b）劈碎　（c）折断　　（d）磨剥

（e）冲击破碎

图 3-6　常用的机械能破碎方法

① 压碎法：利用两破碎工作面逼进物料时加压，使物料破碎。这种方法的特点是作用力逐渐加大，力的作用范围较大。

② 劈碎法：利用尖齿楔入物料的劈力，使物料破碎。其特点是力的作用范围较为集中，发生局部破裂。

③ 折断法：物料在破碎时，由于受到相对方向力量集中的弯曲力，使物料折断而破碎。这种方法的特点是除了外力作用点处受劈力外，还受到弯曲力的作用，因而易于使物料破碎。

④ 磨剥法：破碎工作面在物料上相对移动，从而产生对物料的剪切力，使物料破碎。这种力是作用在物料表面上的，适于对细小物料磨碎。

⑤ 冲击法：击碎力是瞬间作用在物料上，所以又称为动力破碎。

选择破碎方法时，需根据固体废物的机械强度，特别是废物的硬度而定。对坚硬物采用挤压破碎和冲击破碎十分有效；对脆性废物则采用劈碎、冲击破碎为宜。目前市场上所使用的破碎机械，往往是上述几种破碎方法联合使用的。

（2）低温破碎

对于常温下难以破碎的固体废物，如汽车轮胎、包覆电线、家用电器等，可利用其低温变脆的性能而有效地破碎，即低温破碎技术。亦可利用不同的物质脆化温度的差异进行选择性破碎。

低温破碎工艺流程（图 3-7）如下：将固体废物如汽车轮胎、塑料或橡胶包覆电线电缆、废家用电器等复合制品，先投入预冷筒，再通过螺旋送料器送入低温粉碎室，由于橡胶、塑料等易冷脆物质迅速脆化，在低温粉碎室被高速冲击破碎机破碎，使易脆物质脱落粉碎，最后破碎产物再进入各种分选设备进行分选。

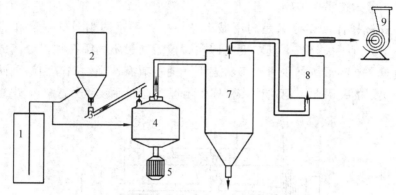

1—液氮罐；2—物料预冷筒；3—螺旋送料器；4—低温粉碎室；5—电机；
6—分级分离器；7—旋风分离器；8—布袋除尘箱；9—低温风机

图 3-7　低温破碎工艺流程

低温破碎与常温破碎相比，动力消耗可减至 1/4 以下，噪声降低 4 dB，振动减轻 1/4 ~ 1/5。

（3）湿式破碎

湿式破碎是利用特制的破碎机将投入机内的含纸垃圾和大量水流一起剧烈搅拌，破碎成为浆液的过程，从而可以回收垃圾中的纸纤维。这种使含纸垃圾浆液化的特制破碎机称为湿式破碎机。

湿式破碎的工作原理如图 3-8 所示，在该机圆形槽底设有多孔筛，靠筛上安

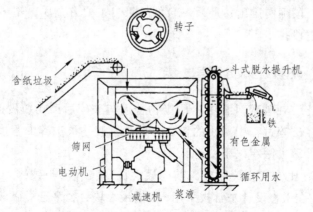

图 3-8　湿式破碎机工作原理示意图

装的切割回转器（装有 6 把破碎刀）旋转，使投入的含纸垃圾与大量水流一起在

水槽中剧烈回旋搅拌，破碎成为浆液。浆液由底部筛孔排出，经固液分离将其中残渣分离出来，纸浆送至纸浆纤维回收工序进行洗涤、过筛脱水。难以破碎的筛上物质（如金属等）从破碎机侧口排出，再用斗式脱水提升机送至有磁选器的皮带运输机，将铁与非铁物质分离。

（4）半湿式选择性破碎分选

半湿式选择性破碎分选是利用城市垃圾中各种不同物质的强度和脆性的差异，在一定湿度下破碎成不同粒度的碎块，然后通过不同筛孔加以分离的过程。由于该过程是在半湿（加少量水）状态下，通过兼有选择性破碎和筛分两种功能的装置中实现的，因此，把这种装置称为半湿式选择性破碎分选机（图 3-9）。

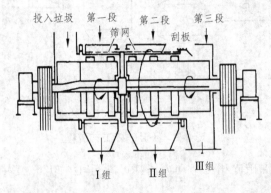

图 3-9　半湿式破碎机结构和工作原理示意图

该机由两段不同筛孔的外旋转圆筒筛和筛内与之反向旋转的破碎板构成。垃圾投入圆筒筛首端，并随筛壁上升而后在重力作用下抛落，同时被反向旋转的破碎板撞击；垃圾中脆性物质（如玻璃、陶瓷等）被破碎成细粒碎片，通过第一段筛网排出；剩余垃圾进入第二阶段筒筛，此段喷射水分，中等强度的纸类被破碎板破碎，从第二段筛网排出；最后剩余的垃圾（主要有金属、塑料、橡胶、木材、皮革等）从第三段排出。

3. 破碎比、破碎段与破碎流程

（1）破碎比：在破碎过程中，原废物粒度与破碎后产物粒度的比值。破碎比表示废物粒度在破碎过程中减小的倍数，即表示废物被破碎的程度。

破碎比的计算方法有以下两种：

① 极限破碎比（i）：用废物破碎前的最大粒度（D_{max}）与破碎后最大粒度（d_{max}）的比值来表示。在工程设计中常被采用，根据最大块直径来选择破碎机给料口宽度。

$$i = D_{max} / d_{max} \tag{3-4}$$

② 真实破碎比（i）：用废物破碎前的平均粒度（D_{cp}）与破碎后平均粒度（d_{ep}）

的比值来表示。能较真实地反映破碎程度，所以在科研及理论研究中常被采用。一般破碎机的真实破碎比平均在 3～30，磨碎机的真实破碎比可达 40～400 甚至以上。

$$i = D_{cp} / d_{cp} \tag{3-5}$$

（2）破碎段：固体废物经过不同的破碎机或磨碎机的次数。若要求破碎比不大，一段破碎即可满足。但对固体废物的分选，如浮选、磁选、电选等工艺来说，由于要求的入选粒度很细，破碎比很大，往往需要把几台破碎机依次串联，或根据需要把破碎机和磨碎机依次串联组成破碎和磨碎流程。

多次（段）破碎总破碎比计算：

$$i = i_1 \times i_2 \times i_3 \times \cdots \times i_n \tag{3-6}$$

破碎段数是决定破碎工艺流程的基本指标，它主要决定破碎废物的原始粒度和最终粒度。破碎段数越多，破碎流程就越复杂，工程投资相应增加，因此，在可能的条件下，应尽量采用一段或两段流程。

（3）破碎的基本工艺流程

根据固体废物的性质、粒度大小，要求的破碎比和破碎机的类型，每段破碎流程可以有不同的组合方式（图 3-10）。

① 单纯破碎工艺：简单、操控方便、占地少等优点，但只适用于对破碎产品粒度要求不高的场合；

② 带预筛分破碎工艺：预先筛除废物中不需要破碎的细粒，相对减少了进入破碎机的总给料量，有利于节能；

③ 带检查筛分破碎工艺：能够将破碎产物中大于所要求的产品粒度颗粒分离出来并送回破碎机进行再破碎，从而获得全部符合粒度要求的产品；

④ 带预筛分和检查筛分破碎工艺：前面两种工艺的结合，预先筛除不需要破碎的细粒，然后再进行破碎，接着将不符合要求的粒度颗粒分离出来再送回破碎装置，直至全部符合粒度要求。

（a）单纯破碎工艺

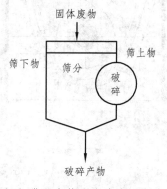

（b）带预先筛分的破碎工艺

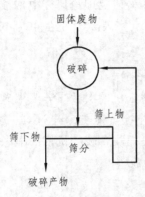
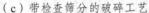
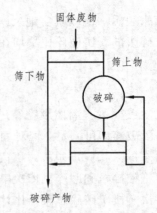

（c）带检查筛分的破碎工艺　　　　　　（d）带预先和检查筛分的破碎工艺

图 3-10　破碎基本工艺流程

（二）常用的破碎设备

一般根据所需要的破碎程度、固体废物性质（硬度、材料性质、形状、水分）、对产品的粒径（形状）要求、供料方式、现场环境条件等选择适合的破碎设备。常用的破碎机类型有锤式破碎机、冲击式破碎机、剪切破碎机、辊式破碎机和粉磨机。

1. 锤式破碎机

锤式破碎机是最普通的一种工业破碎设备，大多是旋转式，有一个电机带动的大转子，转子上铰接着一些重锤，重锤以铰链为轴转动，并随转子一起旋转。其工作示意图如图 3-11 所示，工作时固体废物自上部给料口进入机内，立即受到

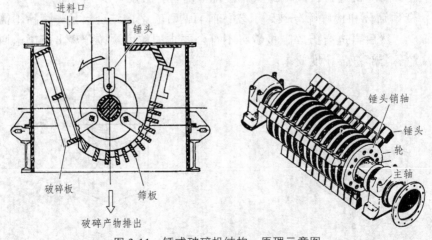

图 3-11　锤式破碎机结构、原理示意图

高速旋转的锤子的打击作用被打碎，并被抛射到破碎板上，通过颗粒和破碎板之

间的冲击作用、颗粒之间的摩擦作用以及锤头引起的剪切、研磨等作用对物料进行中碎和细碎作业。破碎物中小于筛孔尺寸的细粒径颗粒通过筛板排出，大于筛孔尺寸的粗粒径颗粒阻留在筛板上，继续以上过程直至小于筛孔尺寸，全部通过筛板排出。

大型废物锤碎机（图 3-12）：用于破碎废汽车等粗大固体废物。废物先经压缩机压缩，再给入锤碎机，转子由大小两种锤子组成，大锤子磨损后，改作小锤用，锤子铰接悬挂在绕中心旋转的转子上做高速旋转。转子下方半周安装有算子筛板，筛板两端安装有固定反击板，起二次破碎和剪切作用。

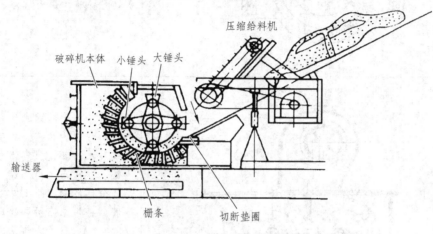

图 3-12　大型废物锤碎机

一些常见的锤式破碎机的结构示意图及适用范围见表 3-2。

表 3-2　一些常见的锤式破碎机的结构示意图及适用范围

破碎机的结构	适用范围
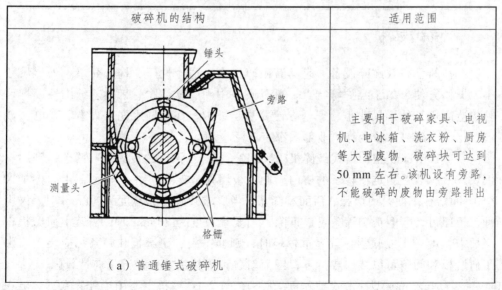 （a）普通锤式破碎机	主要用于破碎家具、电视机、电冰箱、洗衣粉、厨房等大型废物，破碎块可达到 50 mm 左右。该机设有旁路，不能破碎的废物由旁路排出

破碎机的结构	适用范围
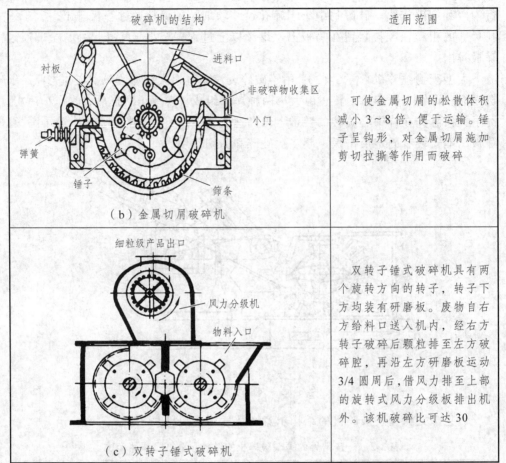（b）金属切屑破碎机	可使金属切屑的松散体积减小 3~8 倍，便于运输。锤子呈钩形，对金属切屑施加剪切拉撕等作用而破碎
（c）双转子锤式破碎机	双转子锤式破碎机具有两个旋转方向的转子，转子下方均装有研磨板。废物自右方给料口送入机内，经右方转子破碎后颗粒排至左方破碎腔，再沿左方研磨板运动 3/4 圆周后，借风力排至上部的旋转式风力分级板排出机外。该机破碎比可达 30

2. 冲击式破碎机

一种新型高效破碎设备，它具有破碎比大、适应性广、构造简单、外形尺寸小、操作方便、易于维护等特点。可以破碎中硬、软、脆、韧性、纤维性废物，且构造简单、外形尺寸小、安全方便、易于维护。在我国水泥、火力、发电、玻璃、化工、建材、冶金等工业部门都有广泛应用。

（1）Universa 型冲击式破碎机[图 3-13（a）]：该机的板锤只有两个，利用一楔块或液压装置固定在转子的槽内，冲击板用弹簧支承，由一组钢条组成（约 10 个）。冲击板下面是研磨板，后面有筛条。当要求破碎产品粒度为 40 mm 时，仅用冲击板即可，研磨板和筛条可以拆除；当要求粒度为 20 mm 时，需装上研磨板；当要求粒度较小或软物料且容重较轻时，则冲击板、研磨板和筛条都应装上。由于研磨板和筛条可以装上或拆下，因而对各种固体废物的破碎适应性较强。

（2）Hazemag 型冲击式破碎机[图 3-13（b）]：该机主要用于破碎家具、电视机、杂器等生活废物。对于破布、金属丝等废物可通过月牙形、齿状打击刀和冲击板间隙进行挤压和剪切破碎。

（3）自击式破碎机：特点在于"自击"，废料在破碎腔中自行高速撞击粉碎，并在破碎腔中产生自然堆积形成保护层，保护周护板不受磨损。在自击式破碎机中周护板由易损件变成为等同于机器寿命的结构件，避免了在冲击破碎中经常更换重达 1.5 t 的周护板，从而大大降低了使用成本。由于本机的物料自行相互撞击粉碎，故在易耗件数量及消耗时间上有着反击破碎机、冲击破碎机不可比拟的优势。

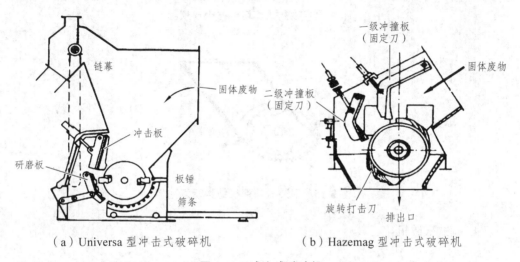

（a）Universa 型冲击式破碎机　　　　（b）Hazemag 型冲击式破碎机

图 3-13　冲击式破碎机

3. 剪切式破碎机

剪切式破碎机是通过固定刀和可动刀（往复式刀或旋转式刀）之间的啮合作用，将固体废物切开或割裂成适宜的形状和尺寸，特别适合破碎二氧化硅含量低的松散物料。

根据活动刀的运动方式可将剪切机分为往复式剪切机和回转式剪切机两种。

（1）往复式剪切机（图 3-14）：固定刀和活动刀交错排列，通过下端活动铰轴连接，好似一把无柄剪刀。当呈开口状态时，从侧面看固定刀和活动刀呈"V"字形。固体废物由上端进入，通过液压装置缓缓将活动刀推向固定刀，当"V"字形闭合时，废物被挤压破碎，破碎物大小约 30 cm。这种破碎机适合松散的片、条状废物的破碎。

（2）回转式剪切机（图 3-15）：由固定刀（1～2 片）和旋转刀（3～5 片）组成。固体废物进入给料斗，依靠高速转动的旋转刀和固定刀之间的间隙挤压和剪切破碎，破碎产品经筛缝排出机外。该机的缺点是当混入硬度较大的杂物时，易发生操作事故。这种破碎机适合家庭生活垃圾的破碎。

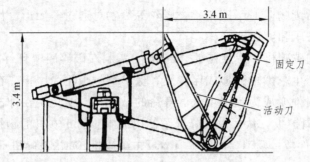

图 3-14　往复式剪切机结构示意图

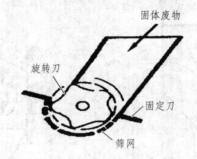

图 3-15　回转式剪切机结构示意图

4. 颚式破碎机

颚式破碎机是利用两颚板对物料的挤压和弯曲作用，粗碎或中碎各种硬度物料的破碎机械。颚式破碎机具有结构简单、坚固、维护方便、高度低，工作可靠等特点。在固体废物破碎处理中，主要用于破碎坚硬和中硬及韧性高、腐蚀性强的废物。例如，煤矸石破碎后作为沸腾炉燃料，制砖和水泥原料时的破碎等。有简单摆动和复杂摆动两种（图 3-16）。

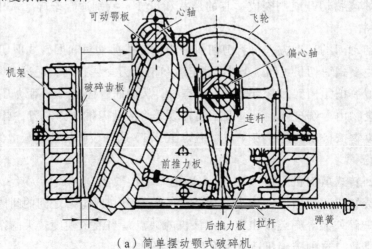

（a）简单摆动颚式破碎机

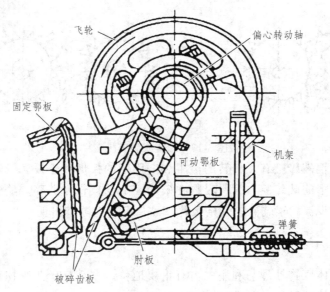

飞轮　偏心转动轴

固定鄂板

可动鄂板

机架

弹簧

肘板

破碎齿板

（b）复杂摆动颚式破碎机

图 3-16　颚式破碎机

（1）简单摆动颚式破碎机　简单摆动颚式破碎机主要由机架、工作机构、传动机构、保险装置等部分组成。皮带轮带动偏心轴旋转时，偏心顶点牵动连杆上下运动，也就牵动前后推力板做舒张及收缩运动，从而使动颚时而靠近固定颚，时而又离开固定颚。动颚靠近固定额时对破碎腔内的物料进行压碎、劈碎及折断。破碎后的物料在动颚后退时靠自重从破碎腔内落下。

（2）复杂摆动颚式破碎机　从构造上看，复杂摆动颚式破碎机与简单摆动颚式破碎机的区别是少了一根动颚悬挂的心轴，动颚与连杆合为一个部件，没有垂直连杆，肘板也只有一块。动颚在水平方向有摆动，在垂直方向也有运动，是一种复杂运动。复杂摆动颚式破碎机的优点是它的破碎产品较细，破碎比大（一般可达 4～8、简摆型只能达 3～6）。规格相同时，复摆型比简摆型破碎能力高 20%～30%。

5. 辊式破碎机

辊式破碎机是利用辊面的摩擦力将物料咬入破碎区，使之承受挤压或破裂而破碎的机械。适用于粗碎、中碎或细碎煤炭、石灰石、水泥熟料和长石等中硬以下的物料。优点是能耗低，产品过度粉碎程度小，构造简单，工作可靠等；缺点是占地面积大，破碎比小。

齿辊破碎机（图 3-17）。按齿辊数目可分为两种：① 单齿辊；② 双齿辊。

（1）双齿辊破碎机有两个相对运动的齿辊。当两齿辊相对运动时，辊面上的齿牙将废物咬住并加以劈碎，破碎后产品随齿辊转动由下部排出。破碎产品粒度由两齿辊的间隙大小决定。

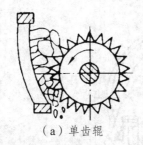

（a）单齿辊　　　　　　　　（b）双齿辊

图 3-17　齿辊式破碎机

（2）单齿辊破碎机有一旋转的齿辊和一固定的弧形破碎板。破碎板和齿辊之间形成上宽下窄的破碎腔。大块废物在破碎腔上部被长齿劈碎，随后继续落在破碎腔下部进一步被齿辊轧碎，合格破碎产品从下部缝隙排出。

6. 粉磨机

磨碎在固体废物处理与利用中占有重要地位，尤其是矿业废物和工业废物的处理。主要有球磨机和自磨机。

球磨机（图 3-18）由圆柱形筒体、端盖、中空轴颈、轴承和传动大齿圈组成。筒体内装有直径 25 ~ 150 mm 钢球，装入量为筒体有效容积的 25% ~ 50%。当筒体转动时，在摩擦力、离心力和衬板共同作用下，钢球和废物被衬板提升。当提升到一定高度后，在钢球和废物本身重力作用下，产生自由泻落和抛落，从而对筒体内底角区废物产生冲击和研磨作用，使废物粉碎。

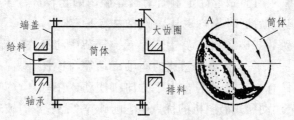

图 3-18　球磨机结构示意图

自磨机又称无介质磨机（图 3-19），分干磨和湿磨两种。干式自磨机由给料斗、短筒体、传动部分和排料斗等组成。给料粒度一般 300 ~ 400 mm，一次磨细到 0.1 mm 以下，粉碎比可达 3000 ~ 4000，比球磨机等有介质磨机大数十倍。

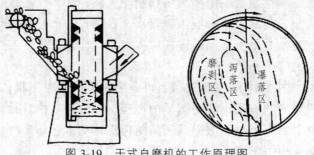

图 3-19　干式自磨机的工作原理图

三、固体废物的分选

固体废物分选，基于物质的粒度、密度、颜色、磁性、静电感应等的不同，采用筛分、重力分选、光选、磁选、静电分选等方法将混杂的固体废物按类别分开。以将废物中的纸张、玻璃、金属等物质回收利用或将不利于后续处理的物质拣出。

（一）筛分

1. 筛分基本理论

（1）筛分的工作原理

筛分是利用筛子将物料中小于筛孔的细粒物料透过筛面，而大于筛孔的粗糙物料留在筛面上，从而使物料分成不同的等级的分选方法。

粒度小于筛孔尺寸 3/4 的颗粒，很容易通过粗粒形成的间隙到达筛面而透筛，称为"易筛粒"；粒度大于筛孔尺寸 3/4 的颗粒，很难通过粗粒形成的间隙，而且粒度越接近筛孔尺寸就越难透筛，这种颗粒称为"难筛粒"。

筛网的规格"目"，国际上将 1 in（英寸，1 in=25.4 mm）长度上的筛孔数称为筛网的目数。比如：2 目即是每平方英寸上有 4 个筛孔，3 目有 9 个筛孔，以此类推。

（2）筛分效率

筛分效率是评价筛分设备分离效率的指标。

筛分效率是指实际得到的筛下产品重量与入筛废物中所含小于筛孔尺寸的细粒物料重量之比，用百分数表示，即

$$E = \frac{Q_1}{Q \cdot \dfrac{\alpha}{100}} \times 100\% = \frac{Q_1}{Q \cdot \alpha} \times 10^4\% \tag{3-7}$$

式中　E——筛分效率，%；

　　　Q——入筛固体废物重量；

　　　Q_1——筛下产品重量；

　　　α——入筛固体废物中小于筛孔的细粒含量，%。

2. 常见筛分设备

常见的筛分设备见图 3-20。

（1）固定筛

固定筛构造简单，筛面由许多平行排列的筛条组成，可以水平安装或倾斜安装。由于不用动力，设备费用低和维修方便，故在固体废物处理中被广泛应用。

缺点是单位面积生产能力低，筛分效率不高，安装时要求有比较高的落差。比如建筑工地筛砂。

（2）滚筒筛

滚筒筛也称转筒筛，是用带筛孔的铁板卷成的圆筒形或截头圆锥筒体。为使废物在筒内沿轴线方向前进，圆柱形筛筒的轴线应倾斜 3°～5°安装。物料由高端进入，被旋转的筒体带起，当达到一定高度后因重力作用自行落下，如此不断地起落运动，小于筛孔尺寸的细粒透过筛孔，而筛上产品则逐渐移至筛筒的另一端排出。

（3）振动筛

振动筛通过产生振动的振动器，将振动传递给筛箱，筛箱可以自由振动，使颗粒产生近乎垂直于筛面的跳动或作圆形、椭圆形运动。

振动筛适用于细粒废物（0.1～15 mm）的筛分，也可用于潮湿及黏性废物的筛分。

（a）固定筛　　　　　　　　　　　　　（b）滚筒筛

（c）振动筛　　　　　　　　　　　　　（d）共振筛

图 3-20　常见的筛分设备

（4）共振筛

共振筛的工作原理是当共振筛的筛箱压缩弹簧而运动时，其运动速度和动能都逐渐减小，被压缩的弹簧所储存的位能却逐渐增加。当筛箱的运动速度和动能等于零时，弹簧被压缩到极限，它所储存的位能达到最大值，接着筛箱向相反方向运动，弹簧释放出所储存的位能，转化为筛箱的动能，因而筛箱的运动速度增加。当筛箱的运动速度和动能达到最大值时，弹簧伸长到极限，所储存的位能也就最小。筛箱、弹簧及下机体组成一个弹簧系统，该弹性系统固有的自振频率与传动装置的强迫振动频率接近或相同时，使筛子在共振状态下筛分，故称为共振筛。

共振筛的特点：处理能力大，筛分效率高；耗电少，结构紧凑；制造工艺复杂，机体重大，橡胶弹簧易老化；应用范围广。

（二）重力分选

重力分选是根据固体废物中不同物质颗粒间的密度差异，在运动介质中受到重力、介质动力和机械力的作用，使颗粒群产生松散分层和迁移分离，从而得到不同密度产品的分选过程。

重力分选的介质有空气、水、重液、重悬浮液等，按介质不同，固体废物的重力分选可分为重介质分选、跳汰分选、风力分选和摇床分选等。

实施重力分选的前提是：① 固体废物中颗粒间必须存在密度的差异；② 分选过程都是在运动介质中进行的；③ 在重力、介质动力和机械力的综合作用下，使颗粒群松散并按密度分层；④ 分好层的物料在运动介质流的推动下互相迁移，彼此分离，并获得不同密度的最终产品。

1. 重介质分选

（1）工作原理

重介质是密度大于水的介质，在重介质中使固体废物中的颗粒群按密度分开的方法称为重介质分选。为使分选过程有效地进行，选择的重介质密度需介于固体废物中轻物料密度和重物料密度之间。

在重介质分选过程中，凡是颗粒密度大于重介质密度的重物料都下沉，集中于分选设备底部成为重产物，颗粒密度小于重介质密度的轻物料都上浮，集中于分选设备的上部成为轻产物，分别排出，从而达到分选的目的。

（3）重介质分选机

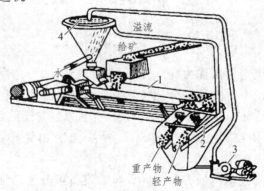

图 3-21　重介质分选机工作示意图

重介质分选机（图 3-21）适用于分离粒度较粗（40～60 mm）的固体废物。具有结构简单，紧凑，便于操作，分选机内密度分布均匀，动力消耗低等优点。缺点是轻重产物量调节不方便。

2. 跳汰分选

（1）工作原理

跳汰分选是在垂直变速介质中按密度分选固体废物的一种方法。介质可以是水或空气，分别称为水力跳汰和风力跳汰。

跳汰分选时，将固体废物投入跳汰机的筛板上，形成密集的物料层，从下面透过筛板周期性地通入上下交变的水流，使床层松散并按密度分层，密度大的颗粒群集中到底层，密度小的颗粒群进入上层。上层的轻物料被水平水流带到机外成为轻产物，下层的重物料透过筛板或通过特殊的排料装置排出成为重产物。

（2）跳汰分选设备

按推动水流运动方式，分为隔膜跳汰机（图 3-22）和无活塞跳汰机两种。隔膜跳汰机是利用偏心连杆机构带动橡胶隔膜做往复运动，借以推动水流在跳汰室内做脉冲运动；无活塞跳汰机采用压缩空气来推动水流运动。

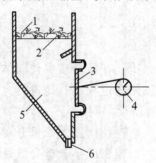

1—床石层；2—筛网；3—隔膜；4—曲柄连杆；5—水箱；6—排出口

图 3-22　隔膜式跳汰机工作原理

3. 风力分选

风力分选简称风选，又称为气流分选，是以空气为分选介质，将轻物料从较重物料中分离出来的一种方法。分选实际上包含两个分离过程：分离出具有低密度、空气阻力大的轻质部分（提取物）和具有高密度、空气阻力小的重质部分（排出物）；进一步将轻颗粒从气流中分离出来。后一步常由旋流器完成，与除尘原理相似。

按气流吹入分选设备内的方向不同，风选设备可分为两种类型：水平气流风选机（卧式风力分选机）和上升气流风选机（立式风力分选机），见图 3-23。

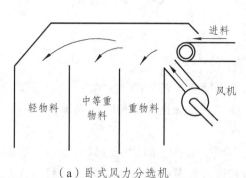

（a）卧式风力分选机　　　　　　（b）立式风力分选机

图 3-23　常见的风力分选设备

（1）卧式风力分选机

该机从侧面送风，固体废物经破碎和滚筒筛筛分使其粒度均匀后，在风选机内被鼓风机鼓入的水平气流吹散，固体废物中各种组分沿着不同运动轨迹分别落入不同收集槽中。

当分选城市垃圾时，水平气流速度为 5 m/s，在回收的轻质组分中废纸约占 90%，重质组分中黑色金属占 100%，中组分主要是木块、硬塑料等。有经验表明，水平气流分选机的最佳风速为 20 m/s。

卧式风力分选机构造简单，维修方便，但分选精度不高。常与破碎、筛分、立式风力分选机组成联合处理工艺。

（2）立式风力分选机

立式风力分选机具有分选精度高的特点。

垃圾投入料斗后，再由带叶片的输送机投入垂直分离室。由风机产生的气流将轻质物料升起，并进入减缩通道。垃圾从窄颈部进入第一分离柱，利用风机由下面生成的上升气流进行轻质物料的第一分离。在分离柱中轻质再被托起，经缩颈部进入第二分离柱，进行第二次分离。重质组分则经栅格落到集料斗中，由输送机输出。分离柱的数量可根据物料所需分离的纯度而定。这种分离器和其他立式分离器相比，不仅效率高，且操作最为简便。

因管壁附近与管中心流速不同而降低立式风力分选机的分选精度，故现多采用立式 Z 形风力分选机，见图 3-24。该风选机由于

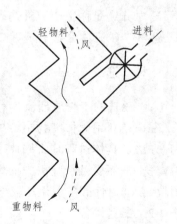

图 3-24　Z 形风力分选机

曲折管壁下落的废物可受到来自下方的高速气流的顶吹，不仅避免了管内风速差

异的不利影响，而且可以使结块垃圾受到曲折处高速气流的作用而被吹散，故能提高分选精度。Z形风道倾角为60°，每段长度为280 mm。

4. 摇床分选

摇床分选是在一个倾斜的床面上，借助床面的不对称往复运动和薄层斜面水流的综合作用，使细粒固体废物按密度差异在床面上呈扇形分布而进行分选的一种方法。

摇床分选过程是：先由给水槽通入冲洗水，布满横向倾斜的床面，进而形成均匀的斜面薄层水流。当固体废物颗粒进入往复摇动的床面时，颗粒群在重力、水流冲力、床层摇动产生的惯性力以及摩擦力等综合作用下，按密度差异产生松散分层。不同密度（或粒度）的颗粒以不同的速度沿床面纵向和横向运动，因此，它们的合速度偏离摇动方向的角度也不同，致使不同密度颗粒在床面上呈扇形分布，从而达到分选的目的。

在摇床分选过程中，物料的松散分层及在床面上的分带，直接受床面的纵向摇动及横向水流冲洗作用支配。床面摇动及横向水流流经床条所形成的涡流，造成水流的脉动，使物料松散并按沉降速度分层。由于床面的摇动，导致细而重的颗粒钻过颗粒的间隙，沉于最底层，这种作用称为析离。析离分层是摇床分选的重要特点，它使颗粒按密度分层更趋完善。

分层的结果是粗而轻的颗粒在最上层，其次是细而轻的颗粒，再次是粗而重的颗粒，最底层是细而重的颗粒。

（三）磁力分选

磁力分选简称磁选。磁选有两种类型，一种是传统的磁选法，另一种是磁流体分选法。磁流体分选法是近二十年发展起来的一种新的分选方法。

1. 磁　选

（1）磁选的工作原理

磁选是利用固体废物中各种物质的磁性差异在不均匀磁场中进行分选的一种处理方法。具体过程是将固体废物输入磁选机后，磁选颗粒在不均匀磁场作用下被磁化，从而受磁场吸引力的作用，使磁选颗粒吸在圆筒上，并随圆筒进入排料段排出，非磁性颗粒由于所受的磁场作用力很小，仍留在废物中被排出。

（2）磁选设备

① 磁力滚筒

磁力滚筒又称磁滑轮，有永磁（费用低）和电磁（磁力可调）两种。应用较多的是永磁滚筒。该设备的主要组成部分是一个回转的多极磁系和套在磁系外面的用不锈钢或铜、铝等非导磁材料制的圆筒。

工作原理图见图 3-25，将固体废物均匀地给在皮带运输机上，当废物经过磁力滚筒时，非磁性或磁性很弱的物质在离心力和重力作用下脱离皮带面，而磁性较强的物质受磁力作用被吸在皮带上，并由皮带带到磁力滚筒的下部，当皮带离开磁力滚筒伸直时，由于磁场强度减弱而落入磁选物质收集槽中。

这种设备主要用于工业固体废物或城市垃圾的破碎设备或焚烧炉前，除去废物中的铁器，防止损坏破碎设备或焚烧炉。

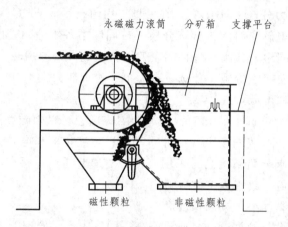

图 3-25　永磁磁力滚筒分选原理

② 湿式 CTN 型永磁圆筒式磁选机

逆流式。其给料方向与圆筒旋转方向或磁性物质的移动方向相反。物料液由给料箱直接进入圆筒的磁系下方，非磁性物质由磁系左边下方的底板上排料口排出。磁选物质随圆筒逆着给料方向移到磁性物质排料端，排入磁选物质收集槽中。

该设备适用于粒度小于 0.6 mm 强磁性颗粒的回收及从钢铁冶炼排出的含铁沉泥和氧化铁中回收铁，以及回收重介质分选产品中的加重质。

③ 悬吊磁铁器

悬吊磁铁器主要用来去除城市垃圾中的铁器，保护破碎设备及其他设备免受损坏。悬吊磁铁器有一般除铁器和袋式除铁器两种。当含铁较少时，选用一般式。

悬吊磁铁器在垃圾输送带的上方，离被分选的物料有一定高度（通常小于500 mm）悬挂一大型固定磁铁（永磁铁或电磁铁），配有一传送带。当垃圾通过固定磁铁下方时，磁性物质就被吸附在此传送带上，当运动到小磁区时，自动脱落。

2. 磁流体分选

（1）分选原理

磁流体分选是利用磁流体作为分选介质，在磁场或磁场和电场的联合作用下产生"加重"作用，按固废各种组分的磁性和密度的差异，或磁性、导电性和密度的差异，使不同组分分离。当固体废物中各组分间的磁性差异小而密度或导电性差异较大时，采用磁流体可以有效地进行分离。

磁流体是指某种能够在磁场或电场和磁场联合作用下磁化，呈现加重现象，对颗粒产生磁浮力作用的稳定分散液（强电解质溶液、顺磁性溶液和铁磁性胶体悬浮液）。

（2）分类

磁流体分选分为磁流体动力分选和磁流体静力分选两种。

① 磁流体动力分选（MHDS）：在磁场（均匀磁场或非均匀磁场）与电场的联合作用下，以强电解质溶液为分选介质，按固废中各组分间密度、比磁化率和电导率的差异使不同组分分离。多在固废各组分间电导率差值较大时采用。

优点：电解质溶液价廉、分选设备简单、处理能力大；

缺点：分离精度低。

② 磁流体静力分选（MHSS）：在非均匀磁场中，以顺磁性溶液和铁磁性胶体悬浮液为分选介质，按固废中各组分间密度、比磁化率和电导率的差异使不同组分分离。多在要求分离精度高时采用。由于不加电场，不存在电场和磁场联合作用产生的特性涡流，故称为重力分选。

优点：介质黏度小、分离精度高。

缺点：分选设备较复杂、介质价格高，回收困难，处理能力较小。

（四）电力分选

电力分选简称电选，是利用固体废物中各种组分在高压电场中电性的差异实现分选的一种方法。

1. 工作原理

废物由料斗均匀地给入辊筒上，随着滚筒的旋转，废物颗粒进入电晕电场区，由于空间带有电荷，使导体和非导体都获得负电荷，导体一面荷电，一面又把电荷传给辊筒，其放电速度快，因此，当废物颗粒随辊筒旋转离开电晕电场区而进入静电区时，导体颗粒的剩余电荷少，而非导体颗粒则因放电速度慢，致使剩余电荷多。导体颗粒进入导体、半导体、非导体电场后不再继续获得负电荷，但仍继续放电，直至放完全部负电荷，并从辊筒上得到正电荷而被辊筒排斥，在电力、离心力和重力分力的综合作用下，其运动轨迹偏离辊筒，而在辊筒前方落下。偏向电极的静电引力作用更增大了导体颗粒的偏离程度。非导体颗粒由于有较多的剩余负电荷，将与辊筒相吸，被吸附在辊筒上，带到辊筒后方，被毛刷强制刷下，半导体颗粒的运动轨迹则介于导体与非导体颗粒之间，成为半导体产品落下，从而完成电选分离过程（图3-26）。

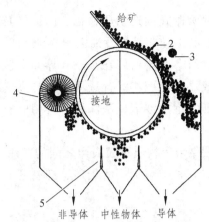

1—接地鼓筒；2—电极丝（电晕极）；3—电极管；4—羊毛刷；5—分矿调节隔板

图 3-26 电力分选工作原理

2. 电选设备

（1）辊筒式静电分选机

该装置用于分选玻璃和铝。

（2）YD—4 型高压电选机

较宽的电晕电场区，特殊的下料装置和防积灰漏电措施，整机封闭性好，结构合理，处理能力强、效率高，可用作粉煤灰专用设备，实现碳灰分离。

（五）浮　选

1. 浮选原理

浮选是在固体废物与水调制的料浆中，加入浮选药剂，并通过空气形成无数细小气泡，使欲选物质颗粒黏附在气泡上，随气泡上浮于料浆表面成为泡沫层，然后刮出回收；不浮的颗粒仍留在料浆内，通过适当处理后废弃。

在浮选过程中，固体废物各组分对气泡黏附的选择性，是由固体颗粒、水、气泡组成的三相界面间的物理化学特性所决定的，其中比较重要的是物质表面的湿润性。

固体废物中有些物质表面的疏水性较强，容易黏附在气泡上，而另一些物质表面亲水，不易黏附在气泡上。物质表面的亲水、疏水性能，可以通过浮选药剂的作用而加强。因此，在浮选工艺中正确选择和使用浮选药剂是调整物质可浮性的重要外因条件。

2. 浮选药剂

据药剂在浮选过程中的作用，可分为：

捕收剂：能选择性地吸附在欲选物质颗粒表面，使其疏水性增强、可浮性提高。分易极性（黄药、油酸）和非易极性油类（煤油）两种。

起泡剂：表面活性物质，主要作用在水—气界面上使其界面张力降低，促使空气在料浆中弥散，形成小气泡，增大分选界面，提高气泡与颗粒的黏附和上浮过程中的稳定性，以保证气泡上浮形成泡沫层。常用的有：松油、松醇油、脂肪醇等。

调整剂：起调整其他要给予物质颗粒表面之间的作用，也可调整料浆的性质，提高浮选过程的选择性。其种类包括：活化剂、抑制剂、介质调整剂、分散与混凝剂等。

3. 浮选设备

使用最多的是机械搅拌式浮选机，见图 3-27。

浮选工作时，料浆由进浆管进入，给到盖板与叶轮中心处，由于叶轮的高速旋转，在盖板与叶轮中心处造成一定的负压，空气由进气管和套管吸入，与料浆混合后一起被叶轮甩出。在强烈的搅拌下气流被分割成无数微细气泡。欲选物质颗粒与气泡碰撞黏附在气泡上而浮升至料浆表面形成泡沫层，经刮泡机刮出成为泡沫产品，再经消泡脱水后即可回收。

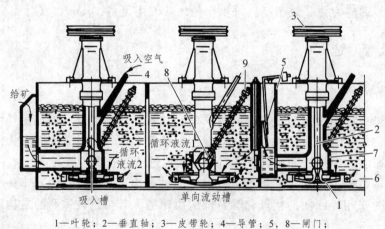

1—叶轮；2—垂直轴；3—皮带轮；4—导管；5，8—闸门；
6—盖板；7—进气管；9—螺旋杆

图 3-27　机械搅拌式浮选机

（六）其他分选方法

1. 摩擦和弹跳分选

摩擦与弹跳分选是根据固体废物中各组分的摩擦系数和碰撞系数的差异，在斜面上运动或与斜面碰撞弹跳时，产生不同的运动速度和弹跳轨迹而实现彼此分离的一种处理方法。

（1）带式筛

带式筛是一种倾斜安装带有振打装置的运输带。其中，摩擦角是关键，须大于颗粒废物的摩擦角，小于纤维废物的摩擦角。

（2）斜板运输分选机

城市垃圾由给料皮带运输机上方投入，其中砖瓦、铁块、玻璃等与斜板板面产生弹性碰撞，向板面下部弹跳，进入弹性产物收集仓，而纤维织物、木屑等与斜板板面为塑性碰撞，不产生弹跳，因而随斜板运输板向上运动，进入非弹性产物收集仓。

（3）反弹滚筒分选机

工作过程中，城市垃圾由倾斜抛物皮带运输机抛出，与回弹板碰撞，其中铁块、砖瓦、玻璃等与回弹板、分料滚筒产生弹性碰撞，被抛入重的弹性产品收集仓，而纤维废物、木屑等与回弹板为塑性碰撞，不产生弹跳，被分料滚筒抛入轻的非弹性产品收集仓，从而实现分离。

2. 光电分选

固体废物经预先窄分级后进入料斗，由振动溜槽均匀地逐个落入高速沟槽进料皮带上，在皮带上拉开一定距离并排队前进，从皮带首端抛入光检箱受检。当颗粒通过光检测区时，受光源照射，背景板显示颗粒的颜色或色调，当欲选颗粒的颜色与背景颜色不同时，反射光经光电倍增管转换为电信号（此信号随反射光的强度变化），电子电路分析该信号后，产生控制信号驱动高频气流，喷射出压缩空气，将电子电路分析出的异色颗粒吹离原来下落轨道，加以收集。而颜色符合要求的颗粒仍按原来的轨道自由下落收集，从而实现分离。

光电分离可用于从城市垃圾中回收橡胶、塑料、金属等物质。

思考与练习

（1）固体废物破碎的方法主要有哪些？

（2）固体废物分选从分选原理上分为几大类，并简述其原理？

（3）影响筛分效率的因素有哪些？

综合实训二　城市生活垃圾预处理

1. 实训题目

城市生活垃圾预处理工艺分析

2. 实训任务

以同学们的生活城市为例，查阅资料或实地调研，整理出某城市生活垃圾预处理工艺分析报告，旨在加强同学们对各预处理方法的优缺点及适用条件的掌握。最后编写城市生活垃圾预处理工艺分析报告，报告中能体现以下几方面的内容：
（1）如何选择破碎的方法及设备？
（2）如何确定分选工艺流程及分选设备？
（3）如何选择压实器及确定压实流程？
（4）在选择固体废物的预处理工艺流程应注意哪些问题？

3. 考核方法

首先进行自评，根据资料和其他同学的报告进行评价，小组再互相评价，分析出各自的优缺点，最后教师对其进行点评。

综合实训三　城市垃圾破碎和分选系统

1. 实训题目

试设计一套你认为合理的城市垃圾破碎和分选系统。

2. 实训要求

随着生活水平的提高，生活垃圾中的有用物质（如废纸、塑料、玻璃、金属等）所占比例不断增加，鉴于目前环境资源的不断萎缩，除了节约资源外，回收废弃物中的有用资源也同等重要。目前城市垃圾处理的常用方法是填埋、焚烧和堆肥。在进行处理前均需对垃圾中的有用物质进行分选。垃圾分选的目的就是要把无机物和有机物分离，从而更好地回收能源与物质。目前城市生活垃圾分选技术主要有筛分、重力分选、磁力分选、电力分选、摩擦与跳汰分选、浮选等。因此此次的设计中要充分考虑各种预处理方法的适用范围和优缺点，结合当地的城市垃圾性质，考虑经济等因素，设计一套完整、切实可行的预处理系统。

项目四　固体废物的热处理

❖ 学习目标 ❖

（1）了解影响固体废物焚烧的因素；根据垃圾焚烧的目的及垃圾的主要成分，掌握废物焚烧后污染物的处理方法。

（2）熟悉焚烧工艺设计的一般原理及方法，能够根据实际情况选择合适的焚烧工艺和焚烧设备。

（3）了解热解的基本原理及影响因素。

❖ 基础知识 ❖

一、固体废物的焚烧

焚烧法是一种高温热处理技术，即以一定过剩空气量与被处理的有机废弃物在焚烧炉内进行氧化燃烧反应，废物中的有害有毒物质在高温下氧化、热解而被破坏，是一种可同时实现废物无害化、减量化、资源化的处理技术。

焚烧法是一种比较成熟的废弃物处置技术，实践也证明了该方法的简单、有效和可行，焚烧法不仅大大减少了城市生活垃圾的体积和质量，而且回收了垃圾中所蕴含的大部分热量，还可消灭各种病原体，将有毒有害的物质转化为无害物使之无害化。目前焚烧技术在发达国家已被广泛应用，部分国家和地区的垃圾焚烧量与全部垃圾量之比已经达到 90% 以上，国内也有许多省市的垃圾焚烧项目正在积极建设或筹建之中。

焚烧的主要目的是尽可能焚毁废物，使被焚烧的物质变为无害，最大限度地减容，避免二次污染。大、中型的垃圾焚烧厂能同时实现废物减容，彻底焚毁废物中的毒性物质，以及回收利用焚烧产生的热能这三个目的。

（一）焚烧处理的理论基础

1. 焚烧过程

可燃物质燃烧，特别是生活垃圾的焚烧过程，是一系列十分复杂的物理化学反应过程，通常可将焚烧过程划分为干燥、热分解、燃烧三个阶段。焚烧过程实际上是干燥脱水、热化学分解、氧化还原反应的综合作用过程。

（1）干燥

干燥是利用焚烧系统热能，将入炉固体废物水分汽化、蒸发的过程。按热量传递的方式，可将干燥分为传导干燥、对流干燥和辐射干燥三种方式。进入焚烧炉的固体废物，通过高温烟气、火焰、高温炉料的热辐射和热传导，首先进行加温蒸发、干燥脱水，以改善固体废物的着火条件和燃烧效果。因此，干燥过程要消耗较多的热能。固体废物的含水率的高低，决定了干燥阶段所需时间的长短，也影响着固体废物的焚烧过程。对于高水分固体废物，特别是污泥、废水等，为了蒸发、干燥、脱水和保证焚烧过程的正常运行，常常不得不加入辅助燃料。

（2）热分解

热分解是固体废物中的有机可燃物质，在高温作用下进行化学分解和聚合反应的过程。热分解既有放热反应，也可能有吸热反应。热分解的转化率，取决于热分解反应的热力学特征和热力学行为。通常热分解的温度越高，有机可燃物质的热分解就越彻底，热分解的速率就越快。

（3）燃烧

燃烧是可燃物质的快速分解和高温氧化过程。根据可燃物质的种类和性质的不同，燃烧过程亦不同，一般可划分为蒸发燃烧、分解燃烧和表面燃烧三种机理。当可燃物质受热融化、形成蒸汽后进行燃烧反应，就属于蒸发燃烧；若可燃物质中的碳氢化合物等，受热分解、挥发为较小分子可燃气体后再进行燃烧，就是分解燃烧；而当可燃物质在未发生明显的蒸发、分解反应时，与空气接触就直接进行燃烧反应，这种燃烧则为表面燃烧。

经过焚烧处理，生活垃圾、危险废物和辅助燃料中的碳、氢、氧、氮、硫、氯等元素，分别转化成为碳氧化合物、氮氧化物、硫氧化物、氢化物及水等物质组成的烟气，不可燃物质、灰分等成为炉渣。

焚烧炉烟气和炉渣是固体废物焚烧处理的最主要污染物。焚烧炉烟气由颗粒污染物和气态污染物组成。颗粒污染物主要是由于燃烧气体带出的颗粒物和不完全燃烧形成的灰分颗粒，包括粉尘和烟雾；粉尘是悬浮于气体介质中的微小溶胶。可吸入的细小粉尘会深入人体肺部，引起各种肺部疾病，尤其是具有很大比表面积和吸附活性的黑烟颗粒、微细颗粒等，其上吸附苯并芘等高毒性、强致癌物质，对人体健康具有很大危害性。

2. 影响焚烧的因素

焚烧温度、搅拌混合程度、气体停留时间及过剩空气率合称为焚烧四大控制参数（常称为 3T+E）。

（1）焚烧温度（Temperature）

废物的焚烧温度是指废物中有害组分在高温下氧化、分解直至破坏所须达到的温度。它比废物的着火温度高得多。

一般说提高焚烧温度有利于废物中有机毒物的分解和破坏，并可抑制黑烟的产生。但过高的焚烧温度不仅增加了燃料消耗量，而且会增加废物中金属的挥发量及氧化氮数量，引起二次污染。因此不宜随意确定较高的焚烧温度。

合适的焚烧温度是在一定的停留时间下由实验确定的。大多数有机物的焚烧温度在 800～1000 ℃。通常在 800～900 ℃。

（2）停留时间（Time）

废物中有害组分在焚烧炉内于焚烧条件下发生氧化、燃烧。使有害物质变成无害物质所需的时间称之为焚烧停留时间。

停留时间的长短直接影响焚烧的完善程度，停留时间也是决定炉体容积尺寸的重要依据。废物在炉内焚烧所需停留时间是由许多因素决定的，如废物进入炉内的形态（固体废物颗粒大小、液体雾化后液滴的大小以及黏度等）对焚烧所需停留时间影响甚大。当废物的颗粒粒径较小时，与空气接触表面积大，则氧化、燃烧条件就好，停留时间就可短些。

（3）混合强度（Turbulance）

要使废物燃烧完全，减少污染物形成，必须使废物与助燃空气充分接触、燃烧气体与助燃空气充分混合。

为增大固体与助燃空气的接触和混合程度，扰动方式是关键所在。焚烧炉所采用的扰动方式有空气流扰动、机械炉排扰动、流态化扰动及旋转扰动等，其中以流态化扰动方式效果最好。中小型焚烧炉多数属固定炉床式，扰动多由空气流动产生。

二次燃烧室内氧气与可燃性有机蒸气的混合程度取决于二次助燃空气与燃烧气体的相互流动方式和气体的湍流程度。一般来说，二次燃烧室气体速度在 3～7 m/s 即可满足要求；如果气体流速过大，混合度虽大，但气体在二次燃烧室的停留时间会降低，反应反而不易完全。

（4）过剩空气（Excess Air）

废物焚烧所需空气量是由废物燃烧所需的理论空气量和为了供氧充分而加入的过剩空气量两部分所组成的。在实际的燃烧系统中，氧气与可燃物质无法完全达到理想程度的混合及反应。为使燃烧完全，仅供给理论空气量很难使其完全燃烧，需要加上比理论空气量更多的助燃空气量，以使废物与空气能完全混合燃烧。

空气量供应是否足够，将直接影响焚烧的完善程度。过剩空气率过低会使燃烧不完全，甚至冒黑烟，有害物质焚烧不彻底；但过高时则会使燃烧温度降低，影响燃烧效率，造成燃烧系统的排气量和热损失增加。过剩空气量应控制在理论空气量的 1.7～2.5 倍。

（二）固体废物的焚烧系统

一座大型城市垃圾焚烧厂的工艺流程见图4-1，通常包括下述八个系统。

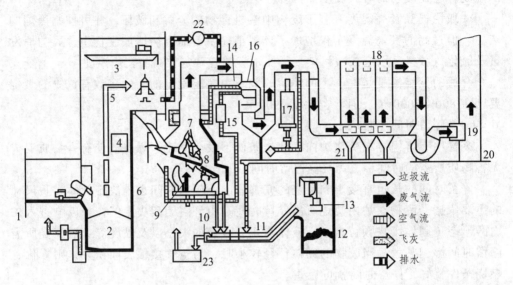

1—倾卸平台；2—垃圾贮坑；3—抓斗；4—操作室；5—进料口；6—炉床；7—燃烧炉床；8—后燃烧炉床；
9—燃烧机；10—灰渣；11—出灰输送带；12—灰渣贮坑；13—出灰抓斗；14—废气冷却室；
15—暖房用热交换器；16—空气预热器；17—酸性气体去除设备；18—滤袋集尘器；
19—诱引风扇；20—烟囱；21—飞灰输送带；22—抽风机；23—废水处理设备

图4-1　城市垃圾焚烧厂处理工艺流程图

1. 贮存及进料系统

本系统由垃圾贮坑、抓斗、破碎机（有时可无）、进料斗及故障排除/监视设备组成。垃圾贮坑提供了垃圾贮存、混合及去除大型垃圾的场所，一座大型焚烧厂通常设有一座贮坑，负责替3~4座焚烧炉进行供料的任务。每一座焚烧炉均有一进料斗，贮坑上方通常由1~2座吊车及抓斗负责供料，操作人员由屏幕监视或目视垃圾由进料斗滑入炉体内的速度决定进料频率。

2. 焚烧系统

即焚烧炉个体内的设备，主要包括炉床及燃烧室。每个炉体仅一个燃烧室。炉床多为机械可移动式炉排构造（图4-2），可让垃圾在炉床上翻转或燃烧。燃烧室一般在炉床正上方，可提供燃烧废气数秒钟的停留时间，由炉床下方往上喷入的一次空气可与炉床上的垃圾层充分混合，由炉床正上方喷入的二次空气可以提高废气的搅拌时间。

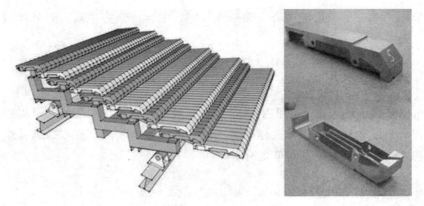

图 4-2　机械可移动式炉排构造

3. 废热回收系统

包括布置在燃烧室四周的锅炉管路（即蒸发器）、过热器、节热器、炉管吹灰设备、蒸汽导管、安全阀等装置。锅炉炉水循环系统为封闭系统，炉水不断在锅炉管中循环，经不同的热力学相变化将能量释出给发电机，炉水每日需冲放以泄出管内污垢，损失的水则由水处理厂补充。

4. 发电系统

由锅炉产生的高温高压蒸汽被导入发电机后，在高速冷凝的过程中推动了发电机的涡轮叶片产生电力，并将未凝结的蒸汽导入冷却水塔，冷却后贮存在凝结水贮槽，经由给水泵再打入锅炉炉管中，进行下一循环的发电工作。在发电机中的蒸汽亦可中途抽出一小部分作次级用途，例如助燃空气预热等工作。给水处理厂送来的补充水可注入给水泵前的除氧器中，除氧器以特殊的机械构造将溶于水中的氧去除，防止管路腐蚀。有的垃圾焚烧厂直接利用废热回收系统进行区域供暖，则可不设置发电系统。

5. 给水处理系统

给水子系统主要作为处理外界送入的自来水或地下水，将其处理到纯水或超纯水的品质再送入锅炉水循环系统。其处理方法为高级用水处理程序，一般包括活性炭吸附、离子交换及逆渗透等单元。

6. 废气处理系统

从炉体产生的废气在排放前必须先行处理到排放标准。早期常使用静电集尘器去除悬浮颗粒，再用湿式洗烟塔去除酸性气体（如 HCl、SO_x、HF 等）。近年来则多采用干式或半干式洗烟塔去除酸性气体，配合滤袋集尘器去除悬浮微粒及其他重金属等物质。

7. 废水处理系统

由锅炉泄放的废水、员工生活废水、实验室废水或洗车废水，可以综合在废水处理厂一起处理，达到排放标准后再放流或回收再利用。废水处理系统一般由数种物理、化学及生物处理单元所组成。

8. 灰渣收集及处理系统

由焚烧炉体产生的底灰及废气处理单元所产生的飞灰。有些厂采用合并收集方式，有些则采用分开收集方式。国外一些焚烧厂将飞灰进一步固化或熔融后，再合并炉渣送到灰渣掩埋场处置. 以防止沾在飞灰上的重金属或有机性毒物产生二次污染。

（三）焚烧设备

垃圾焚烧技术在国外的应用和发展已有几十年的历史，比较成熟的炉型有机械炉排焚烧炉（图 4-3）、流化床焚烧炉（图 4-4）、回转式焚烧炉（图 4-5）、CAO焚烧炉和多层式焚烧炉（图 4-6），下面对这几种炉型作简单的介绍。

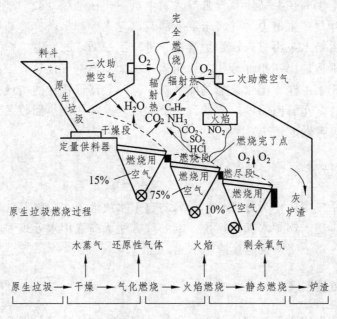

图 4-3 机械炉排焚烧炉

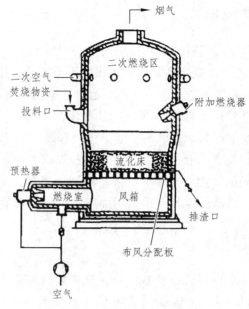

图 4-4　流化床焚烧炉

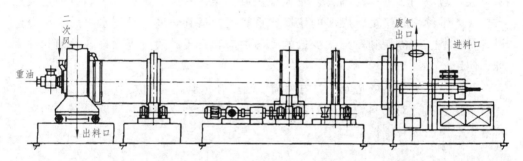

图 4-5　回转窑焚烧炉

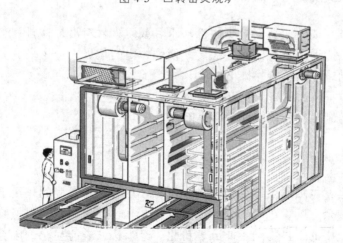

图 4-6　多层焚烧炉

1. 机械炉排焚烧炉

工作原理：垃圾通过进料斗进入倾斜向下的炉排（炉排分为干燥区、燃烧区、燃尽区），由于炉排之间的交错运动，将垃圾向下方推动，使垃圾依次通过炉排上的各个区域（垃圾由一个区进入另一区时，起到一个大翻身的作用），直至燃尽排出炉膛。燃烧空气从炉排下部进入并与垃圾混合，高温烟气通过锅炉的受热面产生热蒸汽，同时烟气也得到冷却，最后经烟气处理装置处理后排出。

特点：炉排的材质要求和加工精度要求高，要求炉排与炉排之间的接触面相当光滑、排与排之间的间隙相当小。另外机械结构复杂，损坏率高，维护量大。炉排炉造价及维护费用高，使其在中国的推广应用困难重重。

2. 流化床焚烧炉

工作原理：炉体是由多孔分布板组成，在炉膛内加入大量的石英砂，将石英砂加热到 600 ℃ 以上，并在炉底鼓入 200 ℃ 以上的热风，使热砂沸腾起来，再投入垃圾。垃圾同热砂一起沸腾，垃圾很快被干燥、着火、燃烧。未燃尽的垃圾比重较轻，继续沸腾燃烧，燃尽的垃圾比重较大，落到炉底，经过水冷后，用分选设备将粗渣、细渣送到厂外，少量的中等炉渣和石英砂通过提升设备送回到炉中继续使用。

特点：流化床燃烧充分，炉内燃烧控制较好，但烟气中灰尘量大，操作复杂，运行费用较高，对燃料粒度均匀性要求较高，需大功率的破碎装置，石英砂对设备磨损严重，设备维护量大。

3. 回转式焚烧炉

工作原理：回转式焚烧炉是用冷却水管或耐火材料沿炉体排列，炉体水平放置并略为倾斜。通过炉身的不停运转，使炉体内的垃圾充分燃烧，同时向炉体倾斜的方向移动，直至燃尽并排出炉体。

特点：设备利用率高，灰渣中含碳量低，过剩空气量低，有害气体排放量低。但燃烧不易控制，垃圾热值低时燃烧困难。

4. CAO 焚烧炉

工作原理：垃圾运至储存坑，进入生化处理罐，在微生物作用下脱水，使天然有机物（厨余、叶、草等）分解成粉状物，其他固体包括塑料橡胶一类的合成有机物和垃圾中的无机物则不能分解粉化。经筛选，未能粉化的废弃物先进入焚烧炉的第一燃烧室（温度为 600 ℃），产生的可燃气体再进入第二燃烧室，不可燃和不可热解的组分呈灰渣状在第一燃烧室中排出。第二室温度控制在860℃进行燃烧，高温烟气加热锅炉产生蒸汽。烟气经处理后由烟囱排至大气，金属玻璃在第一燃烧室内不会氧化或熔化，可在灰渣中分选回收。

特点：可回收垃圾中的有用物质。但单台焚烧炉的处理量小，处理时间长，目前单台炉的日处理量最大达到150 t，由于烟气在850℃以上停留时间难于超过1 s，烟气中二噁英的含量高，环保难以达标。

5. 多层式焚烧炉

工作原理：多层式焚烧炉由上至下可分为三个区域：干燥区、燃烧区和冷却区。炉体是一个垂直的内衬耐火材料的钢制圆筒，内部分为许多层，每层是一个炉膛，炉体中央装有一顺时针方向旋转的双筒、带搅拌臂的中空中心轴，搅动臂的内筒与外筒分别与中心轴的内筒与外筒相连。搅动臂上装有多个方向与每层落料口的位置相配合的搅拌齿。炉顶有固体加料口，炉底有排渣口，辅助燃烧器及废液喷嘴则装于垂直的炉壁上，每层炉壳外都有一环状空气管线以提供二次空气。

特点：废物在炉内停留时间长，能挥发较多水分，适合处理含水率高、热值低的污泥，可以使用多种燃料，燃烧效率高，可以利用任何一层的燃料燃烧器以提高炉内温度。但由于物料停留时间长，调节温度时较为迟缓，控制辅助燃料的燃烧比较困难。此外，该燃烧器结构复杂、移动零件多、易出故障、维修费用高，且排气温度较低。产生恶臭，排气需要脱臭或增加燃烧器燃烧，用于处理危险废物则需要二次燃烧室，提高燃烧温度，以除去未燃烧完的气体物质。此设备广泛应用于污泥的焚烧处理，但不适用于含可熔性灰分的废物以及需要极高温度才能破坏的物质。

（四）焚烧过程中污染物的产生与防治

固体废物在焚烧的过程中产生的污染物主要有颗粒物和气态污染物两大类。其中颗粒物包括：不可燃物成为底灰排出；部分粒状物则随废气排出炉外成为飞灰；部分无机盐类在高温下氧化而排出，在炉外遇冷而凝结成粒状物；二氧化硫在低温下遇水滴而形成硫酸盐雾状微粒；未燃烧完全而产生的碳颗粒与煤烟。气态污染物则包括酸性气体、氮氧化物、一氧化碳、碳氢化合物和二噁英等。因此在焚烧过程中产生的污染物必须经过适当的处理后达标排放。

1. 颗粒物的控制

焚烧尾气中粉尘的主要成分为惰性无机物，如灰分、无机盐类、可凝结的气态污染物质及有害的重金属氧化物，其含量为450~225 500 mg/m³，视运转条件、废物种类及焚烧炉型式而异。一般来说，固体废物中灰分含量多时，所产生的粉尘量多，颗粒大小的分布亦广，液体焚烧炉产生的粉尘较少。

颗粒物的去除一般选择除尘设备。选择时，先应考虑粉尘负荷、粉径大小、处理量及容许排放浓度等因素，若有必要则再进一步深入了解粉尘的特性（如粒径尺寸分布、平均与最大浓度、真密度、黏度、湿度、电阻系数、磨蚀性、磨损性、易碎性、易燃性、毒性、可溶性及爆炸限制等）及废气的特性（如压力损失、温度、湿度及其他成分等），以便作一合适的选择。除尘设备的种类主要包括重力沉降室、旋风（离心）除尘器、喷淋塔、文丘里洗涤器、静电除尘器及布袋除尘器等。重力沉降室、旋风除尘器和喷淋塔等无法有效去除 5 ~ 10 μm 的粉尘，只能视为除尘的前处理设备。静电集尘器、文式洗涤器及布袋除尘器等三类为固体废物焚烧系统中最主要的除尘设备。液体焚烧炉尾气中粉尘含量低，设计时不必考虑专门的去除粉尘设备。

2. NO$_x$ 的控制

焚烧所产生的氮氧化物主要来源于两个方面：一是高温下，N$_2$ 与 O$_2$ 反应形成热力型氮氧化物；二是废物中的氮组分转化成的燃料型氮氧化物，以 NO 为主。

从以下几个方面来控制氮氧化物的产生：控制过剩空气量，在燃烧过程中降低 O$_2$ 的浓度；控制炉膛温度，使反应温度在 700 ~ 1200 ℃；对烟气进行处理，将发生的 NO$_x$ 用还原剂还原，减少其排出量。

常用的 NO$_x$ 还原法主要有选择性催化还原法和无触酶脱氮法。

3. 酸性气体的控制

焚烧产生的酸性气体，主要包括 SO$_2$、HCl 与 HF 等，这些污染物都是直接由废物中的 S、Cl、F 等元素经过焚烧反应而生成的。酸性气体很难以一般方法去除，但是由于含量低（在 100 mg/L 左右），通常控制焚烧温度以降低其产生量。用于控制焚烧厂尾气中酸性气体的技术有湿式、半干式及干式洗气等三种方法。尾气中少量硫氧化物可经湿式洗涤设备吸收。卤素氢的化合物（氯化氢、溴化氢等）可由洗涤设备中的碱性溶液中和。废气中挥发状态的重金属污染物，部分在温度降低时可自行凝结成颗粒、于飞灰表面凝结或被吸附，从而被除尘设备收集去除；部分无法凝结及被吸附的重金属的氯化物，可利用其溶于水的特性，经湿式洗气塔的洗涤液自废气中吸收下来。

4. 重金属的控制

废物中所含重金属物质，高温焚烧后除部分残留于灰渣中之外，部分在高温下气化挥发进入烟气。金属物在炉内参与反应生成的氧化物或氯化物，比原金属元素更易气化挥发，这些氧化物及氯化物因挥发、热解、还原及氧化等作用，可能进一步发生复杂的化学反应，最终产物包括元素态重金属、重金属氧化物及重金属氯化物等。

去除尾气中重金属污染物质的机理有四种：① 重金属降温达到饱和，凝结成粒状物质后被除尘设备收集去除；② 饱和温度较低的重金属元素无法充分凝结，但飞灰表面的催化作用会形成饱和温度较高且较易凝结的氧化物或氯化物，而易被除尘设备收集去除；③ 仍以气态存在的重金属物质，因吸附于飞灰上或喷入的活性炭粉末上而被除尘设备一并收集去除；④ 部分重金属的氯化物为水溶性，即使无法在上述的凝结及吸附作用中去除，也可利用其溶于水的特性，由湿式洗气塔的洗涤液自尾气中吸收下来。

5. 二噁英的控制

废物焚烧过程中产生的毒性有机氯化物主要为二噁英类物质。二噁英是目前发现的无意识合成的副产品中毒性最强的化合物。人们通常所说的二噁英指的是多氯二苯并二噁英（PCDDs）、多氯二苯并呋喃（PCDFs）的统称，共有 210 种同构体。

二噁英的产生及来源：废物本身所含有；炉内燃烧不完全，低于 750 ~ 800 ℃时，碳氢化合物与氯化物结合生成；烟气中吸附的氯苯及氯酚等，在某一特定温度（250 ~ 400 ℃，300 ℃尤甚），受金属氯化物（$CuCl_2$，$FeCl_2$）的催化而生成。

控制焚烧厂产生 PCDDs/PCDFs，可从控制来源、减少炉内形成及避免炉外低温区再合成三方面着手。具体控制措施有：

（1）控制燃烧温度：二噁英的最佳生成温度为 300 ℃，但是在 400 ℃以上时，仍然有二噁英生成的可能。当温度达到 900 ~ 1000 ℃时，二噁英将无法生成。因此，维持燃烧温度高于 1000 ℃是防止二噁英生成的首要条件。

（2）提高燃烧效率：因为二噁英的生成与燃烧效率有直接的关系，CO 中的碳可能参与二噁英的生成反应。因此，供氧充足，减少 CO 的生成，可以间接地减少二噁英的生成；烟气中比较理想的 CO 浓度指标是低于 60 mg/m³，O_2 浓度不少于 6%，在炉膛及二次燃烧室内的停留时间不小于 2 s。

（3）加强烟道气温度控制：一般新建的大型垃圾焚烧厂都有废热回收系统，烟道气自燃烧室进入该系统后，温度将逐渐降低至 250 ~ 350 ℃，而此温度范围又恰巧是二噁英生成反应（DeNovo 合成反应）的最佳区域，因此，必须将焚烧炉出来的烟气在短时间内骤降至 150 ℃以下，以确保有效遏止二噁英的再生成。

（4）化学加药：向烟道中喷入 NH_3 或 CaO 等吸收 HCl，以抑制前驱物质的生成。

二、固体废物的热解

固体废物热解是利用有机物的热不稳定性，在无氧或缺氧条件下受热分解的过程。热解法与焚烧法相比是完全不同的两个过程。焚烧是放热的，热解是吸热的。焚烧的产物主要是二氧化碳和水，而热解的产物主要是可燃的低分子化合物：气态的有氢、甲烷、一氧化碳，液态的有甲醇、丙酮、醋酸、乙醛等有机物及焦油、溶剂油等，固态的主要是焦炭或炭黑。焚烧产生的热能量大的可用于发电，量小的只可供加热水或产生蒸汽，就近利用，而热解产物是燃料油及燃料气，便于贮藏及远距离输送。

热解原理应用于工业生产已有很长的历史，木材和煤的干馏、重油裂解生产各种燃料油等早已为人们所知。但将热解原理应用到固体废物制造燃料，还是近几十年的事。国外利用热解法处理固体废物已达到工业规模，虽然还存在一些问题，但实践表明这是一种有前途的固体废物处理方法。1927 年美国矿业局进行过一些固体废物的热解研究。20 世纪 60 年代，人们开始以城市垃圾为原料的资源化研究，证明热解过程产生的各种气体可作为锅炉燃料。1970 年 Sanner 等进行实验证明，城市垃圾热解不需要加辅助燃料，能够满足热解过程中所需热量的要求。1973 年 Battle 研究使用垃圾热解过程所产生的能量超过固体废物含能量的 80%获得成功。联邦德国于 1983 年在巴伐利亚的 Ebenhausen 建设了第一座废轮胎、废塑料、废电缆的热解厂，年处理能力为 600 ~ 800 t 废物；而后，又在巴伐利亚的昆斯堡建立了处理城市垃圾的热解工厂，年处理能力为 35 000 t 废物，成为联邦德国热解新工艺的实验工厂。美国纽约市也建立了采用纯氧高温热解法日处理能力达 3000 t 的热解工厂。1981 年，我国农机科学研究院利用低热解的农村废物进行了热解燃气装置的试验，取得成功。

（一）热解的原理及特点

1. 热解原理

热解是将有机化合物在缺氧或绝氧的条件下利用热能使化合物的化合键断裂，由大分子量的有机物转化成小分子量的燃料气、液状物（油、油脂等）及焦炭等固体残渣的过程。垃圾热解过程包括裂解反应、脱氢反应、加氢反应、缩合反应、桥键分解反应等。

$$有机物 + 热 \xrightarrow{\text{绝热或缺氧}} 气体 + 液体 + 固体$$

其中气体是以氢气、一氧化碳、甲烷等低分子碳氢化合物为主的可燃性气体；液体是在常温下为液态的包括乙酸、丙酮、甲醇等化合物在内的燃料油；固体为纯碳与玻璃、金属、土、砂等混合形成的炭黑。

按原料分类可分为：

（1）无机物热解

有工业意义的无机物热解反应如碳酸氢钠焙烧生成碳酸钠：

$$2NaHCO_3 == Na_2CO_3 + H_2O + CO_2$$

石灰石（碳酸钙）焙烧生成生石灰（氧化钙）：

$$CaCO_3 == CaO + CO_2$$

氧化汞热解生成元素汞：

$$2HgO == O_2 + 2Hg$$

（2）有机物热解

有工业意义的有机物热解过程很多，常因具体工艺过程而有不同的名称。在隔绝空气下进行的热解反应，称为干馏，如煤干馏、木材干馏；甲烷热解生成炭黑称为热分解；烷基苯或烷基萘热解生成苯或萘常称为热脱烷基（见脱烷基）；由丙酮制乙烯酮称为丙酮裂解等。烃类的热解过程常分为热裂化和裂解（见烃类裂解）：前者的温度通常<600 °C，其目的是由重质油生产轻质油，进而再加工成发动机燃料；后者则温度较高（通常>700 °C），且物料在反应器中停留时间较短，其目的是获得石油化工的基本原料如乙烯、丙烯、丁二烯、芳烃等。

一般来说，无机物的热解反应比较简单；有机物热解时，由于会产生副反应，产物组成往往比较复杂。例如，石油烃裂解时，除获得低分子量烯烃外，还有因聚合、缩合等副反应，而生成比原料分子量更大的产物，如焦油等。

供热方式：热解过程需要吸收大量热能。工业上的供热方式可分为自热过程和外热过程。例如石灰石热解生成石灰，温度在 800 °C 以上，甚至在氧存在下也不影响反应过程，因此可采用直接煅烧的工业窑炉进行外供热过程。对于石油馏分的裂解，反应温度在 750 °C 以上，且要求尽可能低的烃分压，产物为可燃气体，因此常用间壁传热方式（如管式炉裂解）或由载热体直接供热（如蓄热炉裂解、砂子炉裂解、高温水蒸气裂解等）的外热过程。但也可以用烧去一部分原料进行自热过程，如天然气或重油部分燃烧热解制乙炔、炭黑等。由于管式炉裂解制低碳烯烃的优越性很多，近代石油烃裂解几乎都采用此法。

目前，出于提高热解效率、提高热解产物产率、制备常规热解不易制备的产物等因素，在热解过程中加入催化剂进行热解的研究越来越多，在塑料热解中加入 CaO、MgO 等催化剂的一些催化热解过程已经用于工业生产。

2. 焚烧与热解的区别

固体废物的热解与焚烧相比有以下优点：

（1）可以将固体危险废物中的有机物转化为以燃料气、燃料油和炭黑为主的贮存性能源，是吸热过程；

（2）由于是缺氧分解，排气量少，有利于减轻对大气环境的二次污染；

（3）废物中的硫、重金属等有害成分大部分被固定在炭黑中；

（4）NO_x产生量少。研究报道表明，热解烟气量是焚烧的 1/2，NO 是焚烧的 1/2，HCl 是焚烧的 1/25，灰尘是焚烧的 1/2。

（二）热解的主要影响因素

（1）热解速率：较低和较高的加热速度下气体产量都很高；随着加热速度的增加，水分和有机液体的含量减少。

（2）温度：分解温度高，挥发分产量增加，油、碳化合物相应减少。分解温度不同，挥发分成分也发生变化，温度越高，燃气中低分子碳化物 CH_4、H_2 等也增加；高温下热解，固态残余物减少，可降低其处理难度。

（3）湿度：含水率大，垃圾发热量低，不易着火，能源利用率不高，且在燃烧过程中水分的汽化要吸热，并降低燃烧室温度，使热效率降低，还易在低温处腐蚀设备。

（4）物料尺寸：尺寸越大，物料间间隙越大，气流流动阻力越小，有利于对流传热，辐射换热空间大，有利于辐射换热，减小了物料与环境的热传递阻力，但此时物料本身的内热阻增大，内部温度平衡慢；尺寸越大，物料热解所需时间越长，若缩短热解时间，则热解不完全。

（5）反应时间：停留时间不足，热解不完全；停留时间过长，则装置处理能力下降。

（6）空气量：热解过程中进入的空气量越多，燃气热值越低。

（三）热解工艺分类

按供热方式分类，包括外热法式和内热式；

按热解温度分类，包括高温热解（1000 °C 以上，一般采用直接加热法，热解后为液态渣）、中温热解（600 ~ 700 °C）和低温热解（600 °C 以下）；

按生成物分，包括产气热解和产油热解；

按热解炉的种类分，包括回转窑、竖井炉、移动床和流化床等。

（四）热解处理实例

1. 塑料的热解工艺流程

由于塑料导热系数较低，为 293 ~ 1256 J/(m·h·°C)（相当于干木材），当加热到熔点温度(100 ~ 250 °C)时，中心温度还很低，继续加热，外部温度可达 500 °C 以上并产生炭化，而内部温度才达到可熔化的程度。由于外部炭化妨碍内部的分解，故热效率低下。且塑料品种多，废塑料品种混杂，分选困难。因此开发了独特的废塑料热解流程。

（1）减压分解流程：日本三洋电机根据塑料导热系数低的特点开发利用微波炉与热风炉加热、减压蒸馏的流程，于 1972 年 6 月完成 3 t/d 处理量的试验性工厂。经破碎的废塑料送入熔化炉，并在其中加入发热效率高的热媒体如碳粒，当微波照射时产生热量。由热风炉与微波同时加热至 230 ~ 280 ℃ 使塑料熔融。如含聚氯乙烯时产生的氯化氢可在氯化氢回收塔回收，熔融的塑料除去金属等不熔融的物质以后，送入反应炉，用热风加热到 400 ~ 500 ℃（$6.7×10^4$ Pa，绝对）分解，生成的气体经冷却液化回收燃料油。

（2）聚烯烃浴热解流程（低温热分解流程）：这是日本川崎重工开发的一种方法。它是利用聚氯乙烯（PVC）脱 HCl 的温度比聚乙烯（PE）、聚丙烯（PP）和聚苯乙烯（PS）分解的温度低这一特点，将 PE、PP、PS 在接近 400 ℃ 时熔融，形成熔融液浴使 PVC 受热分解。把 PVC、PE、PP、PS 加入 380 ~ 400 ℃ 的 PE、PP、PS 的热浴媒体中，分解温度低的 PVC 首先脱除 HCl 气化，以后 PE、PP、PS 熔融形成热浴媒体，再根据停留时间的长短 PE、PP、PS 逐渐分解。分解产物有 HCl 和 $C_1 ~ C_{30}$ 的碳氢化合物，此外还有 CO，N_2，H_2O 及残渣等。HCl、$C_1 ~ C_4$ 是气体，$C_5 ~ C_6$ 是液状，$C_7 ~ C_{30}$ 为油脂状的碳氢化物，经冷凝塔及水洗塔，回收油品及 HCl，气体经碱洗后作为燃料气燃烧供给热解需要的热量。本流程的优点是用对流传热代替导热系数小的热传导，且分解温度低，没有金属（PVC 的稳定剂）的飞散。

（3）流化床法：为了使热分解炉内温度均一，改善传热效果，多使用流化床热分解炉。流化用的气体可用预热过的空气，部分（约 5%）废塑料燃烧产生热量供加热用。热媒体用 0.3 mm 粒径的砂，从热风预热炉来的热风把媒体层加热到 400 ~ 450 ℃，破碎成 5 ~ 20 mm 大小的废塑料经运输机送入分解炉，从热媒体获得热量进行分解，同时部分废塑料燃烧产生热量，贮藏于热媒体中加热塑料，供给分解需要的能量。正常运转时，预热炉停止使用。流动层内设置搅拌浆，以保证流化床层温度均一，同时防止废塑料与热媒体黏附在一起变成块状物阻止流化的进行。该热解炉的优点是内热式供热，热效率高。但由于部分塑料燃烧，产生的非活性气体 N_2，H_2O 及 CO_2 等夹在热解气中，热解气体热值不高，回收率也较其他方法低。本方法操作简单，控制容易，适合于负荷波动较大的情况选用。

2. 城市垃圾的热解工艺流程

有关城市垃圾热解的研究，美国和日本结合本国城市垃圾的特点，开发了许多工艺流程，有些已达实用阶段。由于垃圾组分的不同，有些流程在美国实用，但对日本不适用。同样，我国的城市垃圾成分又不同于美国和日本，这些工艺过程能否用于我国还有待研究。

（1）移动床热分解工艺：经适当破碎除去重组分的城市垃圾从炉顶的气锁加料斗进入热解炉，从炉底送入约 600 ℃ 的空气-水蒸气混合气，炉子的温度由上到下逐渐增加。炉顶为预热区，依次为热分解区和汽化区。垃圾经过各区分解后产生的残渣经回转炉栅从炉底排出。空气-水蒸气与残渣换热使排出的残渣温度接近室温，热解产生的气体从炉顶出口排出。炉内压力为 6.86 kPa。生成的气体含 N_2 43%，H_2 和 CO 均为 21%，CO_2 12%，CH_4 1.8%，C_2H_6、C_2H_4 在 1%以下。由于含大量的 N_2，热值非常低，为 3770 ~ 7540 kJ/m³。

（2）双塔循环式流动床热分解的工艺：该工艺由荏原-工技院及月岛机械分别开发。二者共同点都是将热分解及燃烧反应分开在两个塔中进行。热解所需的热量，由热解生成的固体炭或燃料气在燃烧塔内燃烧来供给。惰性的热媒体（砂）在燃烧炉内吸收热量并被流化气鼓动成流化态，经联络管到热分解塔与垃圾相遇，供给热分解所需的热量，经联络管返回燃烧炉内，再被加热返回热解炉。受热的垃圾在热分解炉内分解，生成的气体一部分作为热分解炉的流动化气体循环使用，一部分为产品。而生成的炭及油品，在燃烧炉内作为燃料使用，加热热媒体，在两个塔中使用特殊的气体分散板，伴有旋回作用，形成浅层流动层。垃圾中的无机物，残渣随流化的热媒体砂的旋回作用从两塔的下部，边与流化的砂分级边有效的选择排出。双塔的优点是燃烧的废气不进入产品气体中，因此可得高热值燃料气（16 700 ~ 18 800 kJ/m³）；在燃烧炉内热媒体向上流动，可防止热媒体结块；因炭燃烧需要的空气量少，向外排出废气少；在流化床内温度均一，可以避免局部过热；由于燃烧温度低，产生的 NO_x 少，特别适合于处理热塑性塑料含量高的垃圾的热解；可以防止结块。

（3）管型瞬间热分解：垃圾从贮藏坑中被抓斗吊起送上皮带输送机，由破碎机破碎至约 5 cm 大小，经风力分选后干燥脱水，再筛分以除去不燃组分。不燃组分送到磁选及浮选工段，在浮选工段可以得到纯度为 99.7%的玻璃，回收 70%的玻璃和金属。由风力分选获得的轻组分经二次破碎成约 0.36 mm 大小，由气流输送入管式分解炉。该炉为外加热式热分解炉，炉温约为 500 ℃、常压、无催化剂。有机物在送入的瞬间即行分解，产品经旋风分离器除去炭末，再经冷却后热解冷凝，分离后得到油品。气体作为加热管式炉的燃料。由于是间接加热得到的油、气，发热量都较高（油的热值为 $3.18×10^4$ kJ/L，气的热值为 18 600 kJ/m³）。1 t 垃圾可得 136 L 油、约 60 kg 铁和 70 kg 碳（热值 $2.09×10^4$ kJ/kg）。此法由于前处理工程复杂，破碎过程动力消耗量大，运转费用高。

（4）回转窑热解法：垃圾经锤式破碎机破碎至 10 cm 以下，放在贮槽内，用油压活塞送料机自动连续的向回转窑送料，垃圾与燃烧气体对流而被加热分解产生气体。空气用量为理论用量的 40%，使垃圾部分燃烧，调节气体的温度在 730 ~ 760 ℃，为了防止残渣熔融，需保持在 1090 ℃ 以下，每公斤垃圾约产生 1.5 m³

气体，发热量为 4600 ~ 5000 kJ/m³。热值的大小与垃圾组成有关。焚烧残渣由水封熄火槽急冷，从中可回收铁和玻璃。热解产生的气体在后燃室完全燃烧，进入废热锅炉可产生 4.76 MPa 的蒸汽压，用于发电。此分解流程由于前处理简单，对垃圾组成适应性大，装置构造简单，操作可靠性高。美国 Maryland 州的 Baltimore 市由 EPA 资助建设了日处理 1000 t 的实验工厂，处理能力为该市居民排出垃圾一半。窑长 30 m，直径 60 cm，转速 2 r/min，二次燃烧产生的气体，用两个并列的废热锅炉回收 91 000 kg 的蒸汽。

（5）高温熔融热分解：该工艺流程是将城市垃圾转变成能量，并生成副产品粒状熔渣的流程。其特点是在气化炉中用预热到 1000 ℃ 的空气将分解出来的炭燃烧，产生 1650 ℃ 的高温将无机残渣熔融，热解产生的燃料气在二次燃烧室燃烧，产生的高温气体温度为 1150 ~ 1250 ℃，85%进废热锅炉，15%预热空气。垃圾不经前处理（粗大的垃圾切断到 1 m 以下）用吊车投入进料输送机上，送入气化炉顶，下降时与高温气体相遇，首先进行干燥，然后进行热分解，产生炭化，在熔融区与预热过的空气相遇，燃烧产生 CO 和 CO_2，放出的热量，使惰性组分的温度升高至 1650 ℃ 而熔融，成为熔渣由出口水槽连续流入的水冷却，成为黑色豆粒状的熔渣。热解产生的气体与气化炉一次燃烧产生的气体送入二次燃烧室，补充适当的空气，混合燃烧，完全燃烧的气体温度为 1150 ~ 1250 ℃，自二次燃烧室排放出来，这部分高温气体 85%进入废热锅炉生产蒸汽，15%用来预热进入气化炉的一次燃烧空气。 熔渣的成分含铁、玻璃等无机物质，可以代替碎石作建材的骨料。由于高温熔融，熔渣的体积只有原垃圾体积的 3% ~ 5%，可大幅度地减容，因为没有炉栅，不存在高温烧坏炉栅的问题。该系统比较容易进行自动控制，易管理，1971 年，在纽约州的 OrchardPark 建造了一个日处理 75 t 的装置，运转良好。

（6）纯氧高温热分解 UCC 流程：垃圾由炉顶加入并在炉内缓慢下移。纯氧从炉底送入首先到达燃烧区，参与垃圾燃烧。垃圾燃烧产生的高温烟气与向下移动的垃圾在炉体中部相互作用，有机物在还原状态下发生热解。热解气向上运动穿过上部垃圾层并使其干燥。最后，烟气离开热解炉去净化系统处理回收。此烟气中包括水蒸气、由高沸点有机物冷凝的油雾和少量飞灰，其余气体混合物以 CO、CO_2、H_2 为主，约占 90%。此种气体的热值不高，只有 12 900 ~ 13 800 kJ/m³。为了使气体的热值与管道天然气热值相当，在系统后面有一甲烷化过程，使低热值气体先经加压变换，在催化剂参加下 CO 与 H_2O 反应变成 CO_2 和 H_2。当 CO 及 H_2 的比达到甲烷化的要求，再将气体经洗涤器除去部分 CO_2 及 H_2S，可从中回收元素硫，经洗涤的气体进入一系列甲烷化装置，得到人造天然气，其热值可达 35 800 ~ 36 500 kJ/m³。在燃烧区，一些不可燃成分，形成惰性物质如玻璃、金属等材料的熔融体，流经炉底的水封槽，成为坚硬的颗粒状熔渣。本方法垃圾不需前处理，流程简单。有机物几乎全部分解，分解温度高达 1650 ℃，由于不是供应空气而是采用纯氧，NO_x 产生量极少。垃圾减量较多，为 95% ~ 98%，本法的关键是能否提供廉价的纯氧。

3. 农用固体废物的热解工艺流程

农业固体废物中存在大量的脂肪、蛋白质、淀粉和纤维素，也可以经热解而得到燃料油和燃料气。早在 20 世纪 50 年代，我国就从农业的废玉米芯中提取糠醛，作为化工原料，当然也可作燃料。我国农机科学院设计的小型热解气化炉，可用于部分农业固体废物的热解。

思考与练习

（1）热解的定义及特点是什么？热解和焚烧的区别是什么？
（2）影响焚烧的因素有哪些？
（3）二噁英的产生途径有哪些？控制二噁英的产生采取的主要措施是什么？
（4）一座大型垃圾焚烧厂通常包括哪几个系统？

综合实训四　垃圾发电厂工艺分析

1. 实训题目

垃圾发电厂工艺项目分析。

2. 项目背景

一方面，垃圾组成由"多灰、多水、低热值"向"较少灰、较高热值"的方向发展，给我国城市垃圾的焚烧处理奠定了基础。以北京为例：垃圾中的灰土、炉渣等不可燃物所占的比例已从 20 世纪 90 年代初的 53% 下降到目前的 10% 以下，而垃圾中的纸类、织物、塑料等可燃物的比例已由 40% 增加到 80% 以上，垃圾的热值也由过去的 3.35 MJ/kg 上升到 5.86 MJ/kg。

另一方面，一些大城市土地紧张，没有地方兴建垃圾填埋场；南方一些城市，地下水位很高，用填埋的方法处理垃圾容易造成地下水污染。这些都加快了各个城市垃圾的焚烧处理。但是焚烧法的使用也有一些要求：如对垃圾的热值有一定要求；建设成本和运行成本相对较高；管理水平和设备维修要求较高；不同季节，年份垃圾热值的变化；焚烧产生的废气处理；焚烧工艺系统组成单元；焚烧工艺主要设备、结构及适用对象；焚烧工艺后续污染物的处理工艺等。

3. 实训要求

查阅资料分析一下当地的城市生活垃圾是否适合建立垃圾发电厂，并给出依据。

项目五 固体废物的生物处理

❖ 学习目标 ❖

（1）了解固体废物好氧堆肥的原理及其应用。
（2）了解固体废物厌氧发酵的原理及其应用。
（3）掌握污泥的处理技术。

❖ 基础知识 ❖

一、固体废物的好氧堆肥

（一）城市垃圾的好氧堆肥

堆肥化是指利用自然界中广泛存在的微生物，通过人为的调节和控制，促进可生物降解的有机物向稳定的腐殖质转化的生物化学过程。堆肥化的产物称为堆肥，有时也把堆肥化简称为堆肥。

好氧堆肥是在有氧的条件下，借助好氧微生物（主要是好氧菌）对固体废物进行吸收、氧化、分解。微生物通过自身的生命活动，把一部分被吸收的有机物氧化成简单的无机物，同时释放出可供微生物生长活动所需的能量，而另一部分有机物则被合成新的细胞质，使微生物不断生长繁殖，产生出更多生物体的过程（图 5-1）。

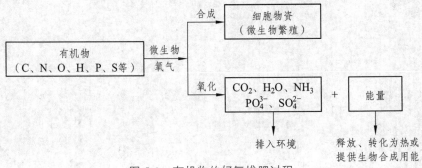

图 5-1 有机物的好氧堆肥过程

好氧堆肥的特点：利用微生物的活动，需要始终供给足够的氧气，动力消耗较高；发酵效率高，堆肥速度快，稳定化时间短，易于实现大规模工业化生产。因此，工业化堆肥一般都采用好氧堆肥的方法。

（二）好氧堆肥过程与影响因素

1. 堆肥过程

现代化堆肥过程基本由六道工序组成：前处理、主发酵（一次发酵）、后发酵（二次发酵）、后处理、脱臭和贮存。其中主发酵和后发酵最为重要，是整个堆肥过程成功的关键。

（1）前处理

城市生活垃圾成分十分复杂，尤其是我国垃圾大都未经分类投放，前处理就显得非常必要。前处理主要包括分选、破碎、筛分和混合等工序。通过分选可回收废品、去除大块垃圾和部分不可堆肥物如石块、塑料、金属物等；通过破碎可以减少大块可堆肥物的尺寸，调整垃圾的粒度，增大原料的表面积，便于微生物繁殖，提高发酵速度；通过筛分获得尺寸比较一致的物料，保持一定程度的空隙率，便于通风使物料能够获得充足的氧气；混合可使不同物料成分、水分等均匀分布。除此之外，前处理有时还包括水分和养分的调节等，如添加氮、磷来调节碳氮比和碳磷比等。

（2）主发酵

主发酵可以在露天或发酵反应器内进行，通过翻堆或强制通风向堆积层或发酵反应器内供给氧气。发酵微生物一般来自于堆肥原料本身携带的各种微生物。

堆肥开始时，首先是易分解的物质分解，产生二氧化碳和水，同时产生热量，使堆肥温度持续升高，这一阶段称升温段（由环境温度上升到 50 ℃）。在此阶段，起主导作用的是最适生长温度在 30～40 ℃ 的中温菌。随着堆肥温度的升高，最适宜温度在 45～60 ℃ 的高温菌取代了中温菌，它们的活动使温度进一步升高到 50 ℃ 以上（通常在 50～70 ℃），堆肥即进入高温段。高温段分解速度快、效率高，还可灭杀蛔虫卵、病原菌、孢子等。因此，保持足够高的堆肥温度和足够长的高温时间是非常重要的。在经历高温段后，堆料的温度开始降低，此时，堆肥进入降温段。当堆肥温度降至一定温度时即不再有明显的变化，表示有机物分解已接近结束，这时堆料即可转入后发酵进行进一步的熟化。通常，把从堆肥开始，经升温段、高温段至降温段结束时的整个过程称为主发酵期（图 5-2）。以厨房垃圾为主体的城市生活垃圾和家畜粪尿堆肥的主发酵期一般为 3～8 d。需要注意的是，这里把温度在 50 ℃ 以上的时间段称为高温段，而实际上，在高温段也有温度的升高和下降，其温度也是变化的，但并没有把它们包含在升温段或降温段。

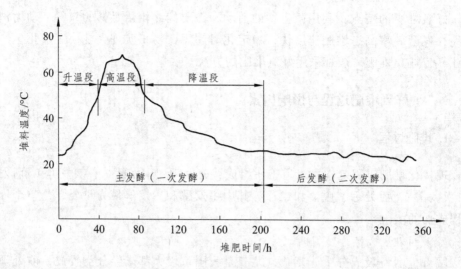

图 5-2　堆料在堆肥过程中温度的变化

（3）后发酵

在主发酵工序中，可分解的有机物并非都能完全分解并达到稳定化状态，因此需要经过后发酵使得有机物进一步分解，变成比较稳定的物质，最终得到完全腐熟的堆肥产品。后发酵可在封闭的反应器内进行，但在敞开的场地、料仓内进行的较多。此时，通常采用条堆或静态堆肥的方式。物料堆积高度一般为 1~2 m，露天时需要有防止雨水流入的装置，后发酵有时还需要进行翻堆或通风。后发酵期间的长短，取决于堆肥的使用情况，通常在 20~30 d。

（4）后处理

经过二次发酵后，物料形状变细，体积也明显减少了。然而，城市生活垃圾堆肥时，在前处理工序中还没有完全去除的塑料、玻璃、金属、小石块等杂物依然存在。因此，还需要一道分选工序以去除这些杂物，根据需要，有时还要进行破碎处理，以获得符合要求的高质量的堆肥产品。

（5）脱臭

在整个堆肥过程中，因微生物的分解，会产生有味的气体，也就是通常所说的臭气。常见的臭味气体有氨、硫化氢等。为保护环境，需要对产生的臭气进行脱臭处理。去除臭气的方法有投加化学除臭剂、生物除臭、熟堆肥或沸石吸附过滤等。

（6）贮存

堆肥一般在春播、秋种两个季节使用，冬、夏两季生产的堆肥常需要贮存一段时间。因此，一般的堆肥厂还需要建立一个可贮存几个月生产量的仓库。堆肥可直接贮存在二次发酵仓中，也可贮存在包装袋中。要求贮存在干燥、通风的地方。

2. 影响因素

影响堆肥化过程的因素很多，这些因素主要包括通风供氧量、含水率、搅拌和翻动、温度、有机质含量、颗粒度、碳氮比、碳磷比、pH 值和腐熟度等。

（1）通风供氧量

通风的目的是为好氧微生物提供活动所必需的氧，是影响堆肥效果最重要的因素之一。通风量主要取决于堆肥原料中有机物含量、有机物中可降解成分的比例、可降解系数等。

主发酵期强制通风的经验数据如下：静态堆肥取 $0.05 \sim 0.2$ m^3/（min·m^3）堆料，动态堆肥则依生产性试验确定。常用的通风方式有：① 自然通风供氧；② 通过堆内预埋的管道通风供氧；③ 利用斗式装载机及各种专用翻堆机翻堆通风；④ 用风机强制通风供氧。后两者是现代化堆肥厂采用的主要方式，两者常配合起来使用。工厂化堆肥时，一般通过自动控制装置反馈和控制通风量。由于需氧量与物料水分和温度密切相关，故可利用堆肥过程中堆温的变化进行通风量的自动控制；也可利用耗氧速率与有机物分解程度之间的关系，通过测定排气中氧的含量（或 CO_2 含量）来进行控制，排气中氧的适宜体积浓度值是 $14\% \sim 17\%$，可以此为指标来控制通风供氧量。

（2）含水率

微生物需要不断吸收水分以维持其生长代谢活动，水分是否适当直接影响堆肥发酵速度和腐熟程度，所以含水率是好氧堆肥的关键因素之一。含水率过高，水就会充满物料颗粒间的空隙，使空气含量减少，而由好氧向厌氧转化，温度也急剧下降；如果含水率过低，将使堆肥的反应速率降低。可以通过向物料中加入高含水率的其他费废物或直接加水分以调解含水率。综合好氧堆肥的各种影响因素，可以得到最适含水率范围为 $50\% \sim 60\%$，最佳含水率为 55%。

（3）搅拌和翻动

物料最初的翻动和搅拌对于调解含水率至关重要。搅拌还能使物料内部营养物质和微生物的分布更为均匀。在好氧堆肥化工艺中，为了保持物料内部的好氧环境，搅拌和翻动乃是重要的操作环节。由于搅拌频率取决于含水率、废物特性和通风量等多个因素，因而很难以通过公式来计算，一般根据不同的堆肥情况确定。例如，对于物料含水率为 $55\% \sim 60\%$，堆肥时间为 15 d 的一个堆肥系统，建议在第三天进行第一次翻动。然后，应该每隔一天翻动一次，总共翻动 $4 \sim 5$ 次。

（4）温度

对于堆肥化系统而言，温度是影响微生物活动和堆肥工艺过程的重要因素。堆肥化过程中温度的变化受供氧状况以及发酵装置、保温条件等因素的影响。堆肥工程中温度的控制十分必要，在实际生产中往往通过温度-通风反馈系统来进行温度控制。

（5）碳氮比（C/N）：微生物的生长不仅需要一定量的碳、氮元素，还对碳氮比有一定要求，有机物被微生物分解速度随碳氮比而变化。研究结果表明，城市生活垃圾堆肥的最佳碳氮比为（26~35）：1。当堆肥物料的碳氮比不在此范围内时，需通过添加其他物料进行调节。

（6）有机质含量

有机质含量的高低影响堆料温度与通风供氧要求。如有机质含量过低，分解产生的热量不足以维持堆肥所需要的温度，既影响无害化处理，也影响堆肥成品的肥效；如果有机质含量过高，则给通风供氧带来困难，有可能产生厌氧状态。研究表明，堆料最适合的有机物含量为 20%~80%。

（7）pH 值

微生物的生长需要适宜的环境条件，适宜的 pH 值可使微生物有效地发挥作用，而 pH 太高或太低都会影响微生物的活动，进而影响整个堆肥过程。一般认为 pH 值在 7.5~8.5 时，可获得最大堆肥速率。当堆肥原料的 pH 值不在此范围内时，常添加其他物料进行调节。例如，当 pH 值较低时，可添加石灰以提高 pH 值。

（8）其他影响因素

颗粒度：颗粒尺寸即颗粒度的大小对通风供氧有重要影响。研究表明，堆肥物料颗粒的平均适宜粒度为 12~60 mm。

碳磷比（C/P）：除了碳和氮之外，磷也是微生物必需的营养之一，它对微生物的生长也有重要的影响。堆肥原料适宜的碳磷比为（75~100）：1。

腐熟度：目前还没有一种比较完善且标准的堆肥产品腐熟度的测定方法。但可通过以下指标或方法对堆肥产品的腐熟度进行估计，包括：堆肥产品的温度、可降解有机物的含量、残余有机物的含量、氧化还原电位的升高、毛壳菌属的生长、含氧量的增加以及淀粉-碘测试等。

（三）堆肥的分类

1. 条垛式系统

条垛式是堆肥系统中最简单最古老的一种。它是将堆肥物料以条垛式堆状堆置，在好氧条件下进行发酵。垛的断面可以是梯形、不规则的四边形或三角形。条垛式堆肥一次发酵周期为 1~3 个月（图 5-3）。

该系统的优点是：所需设备简单，成本投资相对较低；翻堆时堆肥易于干燥，填充剂易于筛分和回用；长时间的堆腐使产品的稳定性较好。但条垛式系统的缺点也比较明显：占地面积大，堆腐周期长，需要大量的翻堆机械和人力，同其他堆肥系统相比，该系统需要更加频繁的监测才保证通气和温度要求。

图 5-3　条垛式系统

2. 强制通风静态垛系统

条垛式系统堆肥时产生强烈的臭味和大量的病原菌，研究人员在条垛式系统加上通风系统，成为强制通风静态垛系统。它能更有效确保高温和病原菌灭活。它不同于条垛式系统之处在于堆肥过程中不是通过物料翻堆而是通过强制通风方式向堆体供氧。强制通风静态垛系统常用于湿度较大的物料或混有城市固体废物的物料堆肥。在此系统中，在堆体下部设有一套管路，与风机相连。穿孔通风管道可置于堆肥场地表面或地沟内，管路上铺一层木屑或其他填充料，使布气均匀。然后在这层填充料上堆放堆肥物料，成为堆体，在最外侧覆盖上过筛或未过筛的堆肥产品进行隔热保温（图 5-4）。

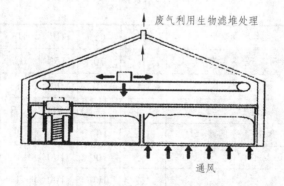

图 5-4　强制通风静态垛系统

强制通风静态垛系统的优点是：设备投资较低；与条垛式系统相比，温度及通风条件得到更好的控制；堆腐的时间相对较短，一般为 2~3 周；填充料较少，占地较少；产品稳定性好，能更有效地杀灭病原菌及控制臭味。但是通风静态垛系统易受气候条件的影响。

3. 反应器系统

反应器堆肥系统，是将堆肥物料密闭在反应器，即发酵装置内，控制通风和水分条件，对物料进行生物降解和转化，也称发酵仓系统。

同条垛式系统、强制通风静态垛系统相比，反应器堆肥系统设备占地面积小，能进行很好的过程控制；堆肥过程不受气候条件的影响；可对废气进行统一收集处理，解决臭味问题，防止对环境的二次污染；可对热量进行回收利用。但也存在不利因素：首先是对堆肥的投资和运行、维护费用很高，其次是堆肥周期短，堆肥的产品会有潜在的不稳定性。

（四）堆肥的质量标准

我国还没有正式出台堆肥质量标准，可参照欧盟堆肥质量标准。

在欧洲各国，肥料在数量、要求和限值等方面的质量标准各不相同。在奥地利、德国、荷兰、西班牙、瑞典自愿的和法定的肥料标准是根据重金属含量划分的。在奥地利、比利时、丹麦、德国、意大利、西班牙和瑞典，原材料类型起决定作用。在澳大利亚、德国、卢森堡和西班牙，是用腐熟度来确定划分等级。在奥地利和德国，是按照应用划分肥料的类型。

1. 重金属含量

重金属含量见表5-1。

表 5-1 欧洲肥料标准的重金属限值

单位：mg/kg

国家	质量标准	Cd	Cr	Cu	Hg	Ni	Pb	Zn
奥地利	有机废物管理条例等级A	1	70	150	0.7	60	120	500
比利时	农业部	1.5	70	90	1	20	120	300
丹麦	农业部	0.4	—	1000	0.8	30	120	400
德国	有机废物管理条例类型Ⅱ	1.5	100	100	1	50	150	400
爱尔兰	拟定标准	1.5	100	100	1	50	150	350
卢森堡	环保部	1.5	100	100	1	50	150	400
荷兰	等级"标准肥料"	1	50	60	0.3	20	100	200
西班牙	等级A（草案）	2	100	100	1	60	150	400
瑞典	RVF质量要求	1	100	100	1	50	100	300
英国	TCA质量标志	1.5	100	200	1	50	150	400
瑞士	联邦管理条例OHW	1	100	100	1	30	120	400

2. 有机污染物

目前，只有丹麦关注堆肥中的有机污染物，并且有明确限制标准。其他国家发现的有机污染物程度都很低，并未对污染情况进行分析。

3. 卫生要求

在奥地利，每当一家堆肥厂刚运行不久或每次设备的重大更新之后，都要对堆肥处理过程进行监控。在正常的废物分解过程中，堆肥物料的温度必须在 4 d 内达到 64 ℃。

在德国，选择的堆肥过程必须使产品满足卫生要求。堆肥厂必须能够证明卫生的有效性，这通常可通过记录每天的温度实现。在敞开的堆肥处理系统中，需要 2 周超过 55 ℃，或 1 周超过 65 ℃。在封闭系统中 1 周超过 60 ℃ 就够了。在新的《德国有机废物管理条例》（BioAbfV—1998 年 10 月）中，要求采用直接和间接的过程控制方式以及终端产品检测（检测是否有沙门菌）对有机废物处理产品进行流行病菌和植物病菌的清除。

比利时是最先制定相关的卫生标准的国家之一。丹麦也制定了两种标准化的工艺类型来保证卫生，堆肥需要在 55 ℃ 以上停留 2 周以上，消毒要保证在 70 ℃ 停留 1 h。因为堆肥厂技术的变化，荷兰在 1998 年制定了一项新的卫生规定，替代了之前的每个堆肥厂的保证卫生的办法新规定的一般工艺参数为：堆肥至少 8 周，其中 4 周进行供氧，翻堆 2 次，50 ~ 60 ℃。荷兰独立的认证机构（KIWA）监督必要的工艺参数和严格实施。

今后欧洲的卫生标准和要求预计会得到推广。基于此，德国新的堆肥管理条例的最新修订稿要求每隔 2 年对整个堆肥厂进行卫生检测。奥地利可能效仿并且根据新堆肥法令的草案计划对销售点的堆肥包装实施进一步的卫生控制。

4. 其他质量方面

达到对重金属、有机污染物限制、卫生要求及其他要求，是颁发证书（荷兰）或肥料质量标准（奥地利、比利时、德国、瑞典）的前提条件。

（五）好氧堆肥的应用实例

银川市污泥堆肥处理工程实例：银川市污水处理厂采用强制静态通风发酵装置处理脱水污泥，其流程见图 5-5。经水分调节后的脱水污泥进入好氧静态堆肥装置，好氧发酵成为性状良好的腐殖颗粒，然后按照不同农肥标准添加一定比例的氧、磷、钾等化肥原料，通过粉碎、搅拌后进入造粒装置，成型后经干燥、筛分成为成品，成品包装后入库或出售。

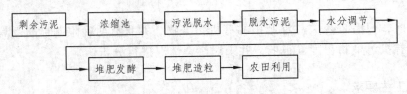

图 5-5　污泥处理和处置流程

工程采用银川市污水处理厂的脱水污泥，其含水率为 79.83%，挥发性有机物含量为 49.12%（干基）。为使污泥适于堆肥，需对其含水率进行调节。首先采用自然晾晒降低含水率，再添加调理剂，基本可以达到进入堆肥装置的含水率(55% ~ 60%）的要求。所用调理剂为牛、羊、鸡粪；谷物加工产生的麸皮和谷糠；20 mm 长的农作物秸秆、造纸厂的麦秆等。调理剂按 5 ~ 8 kg/t 污泥（含水率 60% 左右）的量配比。堆肥垛规模为 59.0 m×4.5 m×2.4 m，堆肥垛底部有 4 个曝气棒及布气板，分别采用 0.79 m³/（min·m³）、1.3 m³/（min·m³）两种通风量。

一次发酵完成后，将出料翻堆、混匀，使微生物重新接种，然后进行二次堆肥发酵，从而使在一次发酵中未分解完全的一些较难分解的有机物得以继续分解。二次发酵采用室内平地堆积，堆高 1 m，堆长 2 m，堆宽 2 m。生污泥的大肠菌值在 $10^7 ~ 10^9$，蛔虫卵数在 3800 ~ 37 000 个/kg，经过在发酵池中 7 天的高温发酵，出料的大肠菌数 $\leqslant 10^2$，蛔虫卵为 0，完全可以达到无害化的效果。

上述堆肥产物可以作为有机复混肥的添加辅料，其投加率一般为 5% ~ 10%。在常用的复混肥圆盘造粒生产线中，物料要经过混合、粉碎、成型、烘干、筛分等多个工艺段。在烘干段成型的肥料要在 95 ~ 100 ℃ 下烘烤约 20 min，确保进一步杀灭残存的病原微生物。

二、固体废物的厌氧发酵

（一）厌氧发酵原理

厌氧发酵，也叫厌氧消化，是废弃物在厌氧条件下通过厌氧微生物的代谢活动而被稳定化，同时伴有甲烷和 CO_2 产生的过程。

厌氧发酵是实现有机固体废物无害化、资源化的一种有效的方法。厌氧消化通过人为控制，加速有机物质的稳定，使有机废弃物无害化；还可通过厌氧分解产生沼气，获得可再生的能源，实现有机废弃物的资源化。

至今关于厌氧发酵的生化过程有三种见解，即两段理论、三段理论和四段理论。两段理论、三段理论较为人们熟知，本书主要介绍四段理论。图 5-6 为有机物厌氧发酵的理论。

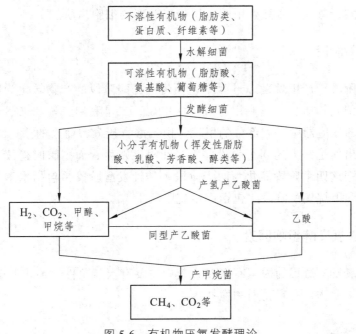

图 5-6 有机物厌氧发酵理论

1. 水解阶段

水解是复杂的非溶解性的聚合物被转化为简单的溶解性单体或二聚体的过程。高分子有机物因分子量巨大，不能透过细胞膜，因此不能为细菌直接利用。有机物厌氧分解菌产生胞外酶将大分子有机物水解为能够被微生物利用的小分子有机物。在厌氧分解菌的作用下，多糖分解成单糖；蛋白质转化成肽和氨基酸；脂肪转化成甘油和脂肪酸。

水解过程通常较缓慢，影响水解速度与水解程度的因素很多，包括水解温度、有机质在反应器内的保留时间、有机质的组成、有机质颗粒的大小、pH 值、氨的浓度、水解产物的浓度等。

2. 发酵阶段

在发酵阶段，水解阶段产生的小分子化合物在发酵细菌的细胞内转化为更简单的、以挥发性脂肪酸为主的末端产物。因此，这一过程也称为酸化阶段。与此同时，发酵细菌也利用部分物质合成新的细胞物质，因此未酸化废物厌氧处理时产生更多的剩余污泥。

3. 产乙酸阶段

发酵阶段的末端产物（挥发性脂肪酸、乳酸、芳香酸等）在产乙酸阶段进一步转化为乙酸、氢气、碳酸、甲醇、甲酸以及新的细胞物质。

4. 产甲烷阶段

产甲烷阶段，产甲烷菌通过两个途径将产乙酸阶段的产物转化为甲烷、二氧化碳和新的细胞物质。一是利用乙酸产生甲烷，二是利用氢气和二氧化碳生成甲烷。在一般的反应器中，大部分的甲烷是由乙酸直接分解而来的。

需要指出的是，上述四个阶段并不是间隔性发生，而是瞬时连续发生的。有些文献中常把这四个阶段简化为两个阶段，酸性发酵阶段（包括水解、酸化和产乙酸阶段）和甲烷发酵阶段（包括产甲烷阶段）。

（二）厌氧发酵影响因素

影响厌氧发酵过程的因素有很多，其中主要有厌氧条件、消化温度、pH 值、营养物质、接种物、有毒物质和搅拌等。

1. 厌氧条件

厌氧消化是有机物在无氧条件下被微生物分解与细胞合成的生物学过程。这些微生物主要包括产甲烷菌和不产甲烷菌两大类。产酸阶段的微生物大多数是厌氧菌，需要在厌氧的条件下才能把复杂的有机物质分解成简单的有机酸等。而产气阶段的产甲烷细菌是专性厌氧菌，氧对产甲烷细菌有毒害作用，因而需要严格的厌氧环境。

2. 温　度

厌氧消化可在较广泛的温度范围内进行（4～65 ℃）。一般来说，在一定范围内，温度愈高微生物活性愈强。低温时，虽然厌氧消化也可进行，但消化的效率低、速度慢、产气量少。甲烷菌对温度的急剧变化非常敏感，温度上升过快或出现很大温差时会对产气量产生不良影响。所以厌氧消化过程还要求温度相对稳定，一天内的温度变化保持在±2 ℃内为宜。

3. pH 值

厌氧微生物适宜在弱碱性环境生长，它的最佳 pH 值范围是 6.8～7.4。在厌氧消化过程中，消化液的 pH 值是变化的。但厌氧微生物具有保持中性环境、进行自我调节的能力，因此，在 pH 值变化不大时，微生物可通过自身进行 pH 值的调节；但当 pH 值变化过大、微生物自我调节功能不起作用时，就需要通过添加酸性或碱性物质加以调节，常用的 pH 调节剂有石灰等。

4. 营养物质

厌氧消化过程本质上是微生物的培养、繁殖过程，待消化的有机废物是微生物的营养物质。在厌氧消化过程中，各种微生物需要不断地分解有机物，从中吸收营养和获得生命活动所需的能量。因此，有机废物中含有的营养物质的种类和数量就显得非常重要。微生物生长所必需的营养成分主要包括碳、氮、磷以及其他微量元素等。除了需要保持足够的营养"量"之外，还需要保持各营养成分之间合适的比例，为微生物提供"足量"且"平衡"的养分，一般认为，厌氧消化原料合适的碳氮比为（20~30）:1，磷含量（以磷酸盐计）一般要求为有机物量的 1/1 000 为好。

除了常量营养成分外，在消化物料中添加少量有益的化学物质，也有助于促进厌氧发酵，提高产气量和原料利用率。研究表明，在消化液中添加少量的硫酸锌、钢渣、碳酸钙、炉灰等，均可不同程度地提高有机物的分解率、产气量和甲烷含量。

5. 接种物

厌氧消化中菌种数量的多少和质量的好坏直接影响厌氧反应。反应器中厌氧微生物的数量和种类不够时，则需要从外界人为添加微生物。这种含有丰富厌氧微生物的活性污泥或发酵液等即是通常所说的"接种物"。添加接种物可有效提高消化液中微生物的种类和数量，从而提高反应器的消化能力，加快有机物的分解速度，提高产气量，还可使开始产气的时间提前。

6. 有毒物质

固体废物中含有多种废弃物，成分非常复杂，其中含有一些对微生物有毒性或对其生长活动有抑制作用的物质。这些毒性物质的存在会对厌氧消化产生不利的影响，严重时可导致厌氧消化系统无法运行。

7. 搅 拌

有机物的厌氧消化依靠的是微生物的代谢活动，因此需要微生物与物料之间始终保持良好的接触，使微生物不断接触到新的食料，进行高效的消化，搅拌是实现此目的的一种最简单有效的方法。搅拌可使消化物料分布均匀，增加微生物与物料的接触机会，并使消化产物及时分离，从而提高消化效率、增加产气量。

（三）厌氧发酵反应器及主要工艺

1. 主要反应器

厌氧反应器一般由密闭反应器、搅拌系统、加热系统和固液气三相分离系统组成。厌氧消化反应器的类型主要有：常规消化反应器（也称常规沼气池）、连续搅拌式反应器（又称完全混合式反应器）、推流式反应器、折流式反应器、厌氧生物滤池、厌氧接触法、上流式厌氧污泥床反应器、两项厌氧消化法、干发酵等。

（1）常规消化反应器（CD）

也称常规沼气池，如图 5-7 所示。该反应器无搅拌装置，原料在反应器中呈自然沉淀状态，一般分为 4 层，从上到下依次为浮渣层、上清液层、活性层和沉渣层。其中厌氧消化活动主要限于活性层内，且多在常温条件下运行，因而消化效率较低。中国农村使用最多的水压式沼气池即属于这种反应器类型。经过多年试验研究和生产实践，近年来对其进行了较大的改进，有多种改进型的 CD 出现，如分离浮罩式、连续搅拌式等。

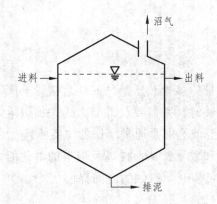

图 5-7　常规消化反应器工作示意图

（2）连续搅拌式反应器（CSTR）

CSTR 又称完全混合式反应器，是一种改进的常规消化反应器（图 5-8）。CSTR在反应器里设置了搅拌装置，通过搅拌作用，使得消化液中的液体、固体和微生物始终保持均匀混合与接触，原料的进入和流出始终处于动态平衡，因而具有如下优点：反应器内物料均匀分布，增加了物料与微生物的接触机会和传质效率，使消化效率得到提高；反应器内温度分布均匀，有利于微生物均衡生长和整体消化效率提高；可有效地消除物料与活性污泥的分离，因而可消化高悬浮固体含量的消化液；迅速分散反应过程中产生的抑制物质，避免其对微生物的不利影响。其缺点主要是反应器体积较大、能量消耗较高、大型反应器难以做到完全混合、物料消化不完全和微生物流失较多等。

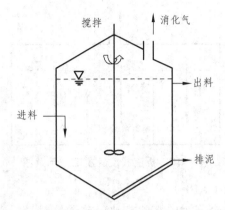

图 5-8　连续搅拌式消化反应器工作示意图

（3）推流式反应器（PFR）

PFR 是一种长方形的非完全混合式反应器，原料从一端流入，呈"活塞式"推移状态从另一端流出。由于消化气的产生，反应器内的消化液呈垂直的搅拌作用，而纵向搅拌作用甚微。在进料端呈现较强的水解酸化作用，甲烷的产生随消化液向出料端的流动而增加。由于该类反应器进料端缺乏接种物，所以常需要污泥的回流。为减少微生物的冲出，在反应器内应设置挡板以利于运行的稳定（图 5-9）。

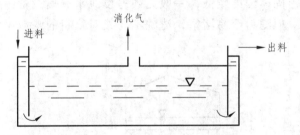

图 5-9　推流式反应器工作示意图

推流式反应器的主要优点有：无需搅拌装置、结构简单、能耗低；运转方便、故障少、稳定性高；对物料的适应性较强。其缺点是：固体物可能沉淀于底部，影响反应器的有效体积；需要污泥回流，因而需要增加污泥回流系统；反应器的面积/体积比较大，难以保持一致的温度，从而降低消化效率。

（4）折流式反应器（BFF）

折流式反应器的结构和工作过程如图 5-10 所示。这种反应器实际上是推流式反应器的另一种形式，因而具有推流式反应器的一些特点。不同之处在于，在 BFF 内增加了挡板，使得消化液呈折返、塞流式流动。挡板使消化液上下折流穿过污泥层，并不断改变方向，有利于物料与微生物的混合、接触和提高消化效率。隔断的每个单元都相当于一个反应器，反应器的总效率等于各反应器效率之和。折流式反应器的主要缺点是反应器结构较为复杂、施工难、造价高，运行管理也比较困难。目前在实际生产上应用较少。

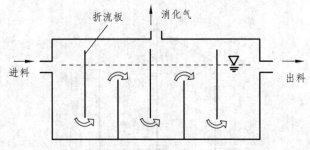

图 5-10　折流式反应器工作示意图

（5）厌氧生物滤池（ABF）

厌氧生物滤池是一个密封的水池，池内放置填料，污水从池底进入，通过滤料后从池顶排出（图 5-11）。微生物附着生长在滤料上，平均停留时间可长达 100 d 左右。滤料可采用碎石、卵石等，也可使用塑料填料。塑料填料有较高的空隙率，重量也轻，但价格较贵。根据对一些有机废水的试验结果，当温度在 25～35 ℃ 时，在使用碎石滤料时，体积负荷率可达 3～6 kg COD/$(m^3 \cdot d)$；在使用塑料填料时，体积负荷率可达 3～10 kg CDD/$(m^3 \cdot d)$。

厌氧生物滤池的主要优点是：滤池内可以保持很高的微生物浓度，消化能力较强；出水中悬浮固体浓度较低，一般无须另设泥水分离设备；设备与构筑物简单、操作方便等。但滤料容易堵塞，清洗不便，对物料的颗粒尺寸要求较高，适应性较差。

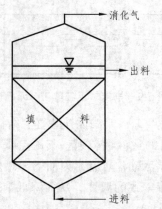

图 5-11　厌氧生物滤池工作示意图

（6）上流式厌氧污泥床反应器（UASB）

UASB 是由荷兰的 Lettinga 教授等在 1972 年研制成功的。在 UASB 反应器中（图 5-12），进料自下而上地通过厌氧污泥床反应器。在反应器的底部有一个高浓度（可达 60～80 g/L）、高活性的污泥层，大部分的有机物在这里被转化为 CH_4 和 CO_2。由于产生的消化气的搅动和气泡黏附在污泥上，在污泥层之上形成了一个污泥悬浮层。反应器的上部设有三相分离器，以完成气、液、固三相的分离。被分离的消化气从上部导出，污泥则自动滑落到悬浮污泥层，出料从澄清区流出。由于在反应器内保留了大量厌氧污泥，反应器的负荷能力很大。对一般的高浓度消化液，当水温在 30 ℃ 左右时，负荷率可达 10 ~ 20 kg COD/(m³·d)。UASB 的主要优点是有机负荷率高、消化效率高，无须搅拌，抗冲击载荷能力强，能适应温度和 pH 值等的变化。在固体废物消化和污水的厌氧处理方面得到了广泛的应用。

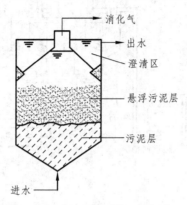

图 5-12　上流式厌氧污泥床反应器工作示意图

2. 厌氧消化工艺

一个完整的厌氧消化系统应包括原料预处理、厌氧消化反应器、消化气净化与贮存、消化液与污泥的分离、处理和利用等。对不同固体废物，采用不同的消化反应器时，可组成多种厌氧消化工艺。本节不对各种工艺作具体描述。只以城市垃圾为例，对固体废物厌氧消化的典型工艺作一般性的介绍。

图 5-13 所示为国外某垃圾厌氧消化工艺流程。它主要由原料预处理、厌氧发酵罐、消化气净化与贮存、污泥处理、供热锅炉等部分组成。

垃圾首先经筛分、粉碎预处理，一方面把不可降解物去除掉，另一方面把可降解物粉碎成细小的颗粒，以便微生物的消化。经预处理后的垃圾经垃圾贮槽送入调节罐，同时根据需要添加残饭、部分处理过的下水以及其他添加物，以调节待消化物料的营养组成，为微生物的消化提供养分。经调理后的物料在调节罐中充分混合、部分水解后，被送入酸化罐。在酸化罐，有机物被水解酸化成有机酸等，之后进入气化罐，由甲烷菌把有机酸等转化成甲烷、二氧化碳等气体。产生的消化气经脱硫器脱硫后贮存在贮气包中待用。消化完成后的物料由气化罐排入出料贮罐，然后进行脱水处理。产生的下水去污水处理场，经处理后排成污泥经进一步脱水成泥饼后运往填埋场填埋。供热锅炉的作用是保持调节罐、酸化罐和气化罐的温度，以保证微生物发酵需要的热能和消化过程的高效进行。根据实际运行分析结果，该垃圾厌氧消化处理厂每消化 1 t 垃圾，可回收沼气 90 m³（标准状况）、产生脱水污泥 403 kg、残渣 124 kg。

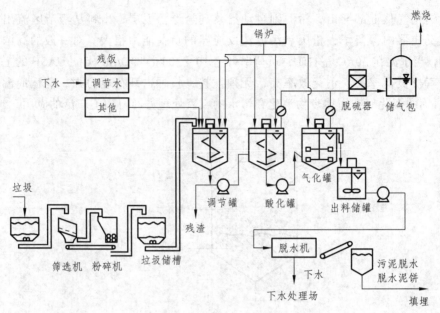

图 5-13　垃圾厌氧消化工艺流程

（四）厌氧发酵的应用实例

有机垃圾干法消化工程案例

厂址：法兰克福，landfill Florsheim-Wicker

规模：45 000 t/a 分类收集家庭有机垃圾和 5000 t/a 液体有机垃圾、食品加工业有机废物等。

工艺概况：3 台推流式卧式干法消化（plugflow）反应器，年产 $5 \times 10^6 \, m^3$ 沼气，年发电 $10.55 \times 10^4 \, kW \cdot h$，年产 14 000 t 营养土用于填埋场终场覆盖或农用。图 5-14 为该场的外景图。

图 5-14　法兰克福有机垃圾干法消化厂外景

1. 车间布置

如图 5-15 所示，该处理设施按照前处理车间、消化反应器、挤压脱水车间、除臭生物滤池、好氧干化隧道窑、出料车间的顺序布置排列。

| 前处理车间 | 消化反应器 | 挤压脱水车间 | 生物滤池 | 好氧干化 | 出料车间 |

图 5-15　法兰克福有机垃圾干法消化车间布置图

2. 工艺流程及特征

该设施由称重系统、给料系统、预处理系统、厌氧消化反应器系统、沼渣脱水系统、除尘除臭系统、沼渣好氧干化、沼液污水处理系统、沼气热电联产系统等部分组成。由于本项目建设在填埋场旁，其中沼液污水处理系统、沼气热电联产系统并入了填埋场的渗滤液处理及填埋气发电利用系统一起处理和利用（图5-16）。

（1）厨余垃圾称重

从市区装满厨余垃圾的收集车进站时，具有智能化管理能力的称重计量系统自动进行垃圾吨位测量、储存数据并打印记录，该称重计量系统与全场计算机监控管理系统联网，可分别按每车、每天、每月、每季度、每年统计厨余垃圾量，记录收集车运行状况，并能适时输出相关数据，打印统计报表。

（2）给料系统

分类收集的厨余垃圾直接由垃圾车卸入于处理车间的受料区。为尽可能减少卸料产生的气味外溢，垃圾卸料厅设计有两扇密闭卷帘门以及空气幕墙，在垃圾车到达时，卷帘门打开，门两侧的空气幕墙将隔离车间内外的空气流通，阻断车间内臭气外溢。车间设置臭气收集系统，将收集的臭气进行集中处理。

（3）预处理系统

装载机将卸入受料区的垃圾直接送到破碎机破碎，再经过磁选和筛孔为60 mm 的星盘筛，筛下物通过皮带机输送到缓冲库，并通过螺旋输送机输送到消化反应器的布料系统。大于 60 mm 的筛上物则送临近的生物质发电厂焚烧处理。

分选后筛下物中干物质含量为 25%左右，粒径小于 60 mm。

（4）厌氧发酵系统

从预处理车间破碎和分选的高有机质组分的物料，通过螺旋输送布料，输送到 3 个并列的卧式消化反应器，进入厌氧发酵产气系统，厌氧系统的厌氧发酵菌种主要有发酵细菌（产酸细菌）、产氢产乙酸菌、产甲烷菌等。卧式干法消化反应器是顺流混合式反应器，底为半圆形，反应器采用钢筋混凝土防腐结构。根据设计温度与大气温度最低温差，反应器需要进行隔热处理，罐外部有绝缘保温层。

采用机械搅拌方式。

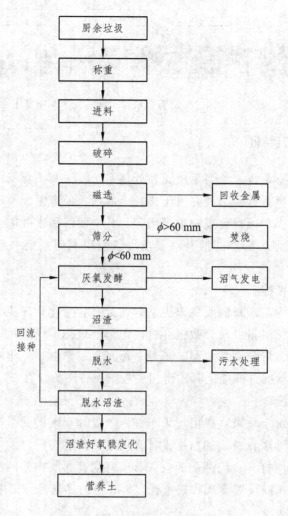

图 5-16 有机垃圾干化法消化工艺流程

①厌氧消化反应器 消化反应器是厌氧发酵系统中最重要的装置，本工艺消化反应器采用卧式顺流式消化反应器，横截面底部为半圆形，采用混凝土和钢结构结合的密封结构，内部保持轻微的过压状态。此外，顶部还设有沼气收集罩，包括安全阀、观察和检测仪表等设备。本项目由3个并列的卧式消化反应器组成，每个消化反应器长28 m，宽7.5 m，有效高度为7 m（图 5-17 和图 5-18）。

此工艺采用"塞流"工艺。有一个缓慢旋转的纵向的搅拌装置。经过预处理的物料与来自末端出料柱塞泵的回流物料在反应器内混合接种，在反应器内呈半流态状态，通过中间的搅拌轴及其叶片缓慢转动进行搅拌和接种，物料在搅拌和流体作用下自然流向另一段。设计物料在消化反应器内的停留时间为18 d。

图 5-17 消化反应器进料端螺旋提升和布料、进料机构

图 5-18 消化反应器顶部的沼气收集装置

物料在 55 ℃ 高温下进行发酵反应，采用沼气发电系统的余热进行消化反应器的温度控制调节，在消化反应器壁内布设有用于调温的水管。发酵产生的沼气从顶部管道抽走，送入沼气利用设施进行利用。经过消化反应后，物料的含固量为 20%。

消化反应器是干式发酵技术的核心设备。在消化反应器中有机垃圾厌氧发酵降解，同时生成沼气。消化反应器内的温度设定为 55 ℃，保证了高温厌氧菌生长和繁殖的适宜条件。55 ℃ 控温反应和 14～18 d 的发酵期保证了发酵产物完全腐熟并达到较好的消毒效果。

部分经发酵的生物垃圾（发酵产物）将作为活性生物与新的物料混合，以加速物料的发酵过程。

② 温度控制　本项目采用高温厌氧发酵工艺，消化反应器内部温度需维持在55 ℃ 左右。消化反应器罐体外部表面设置保温隔热层，防止热量散失。另外，反应器设有加热热水管进行温度补偿，补充散失的热量。

③ 搅拌方式　加入消化反应器的反应物料主要为分类收集的家庭厨余垃圾，为了使物料在消化反应器内更好地混合均匀和能够进行接种，采用物料回流接种的工艺，并通过水平转轴缓慢的搅拌作用与消化物料均匀混合，促进消化反应速度。该系统搅拌速度小，消耗的电量低。

④ 工艺参数监控　消化反应器内部设置检测装置对消化反应器内部压力、甲烷与二氧化碳含量等指标进行测定和监控。整个发酵过程通过自动控制系统对消化反应器的进料、出料、搅拌频率、pH 值、温度等参数进行在线检测和监控（表5-2）。此外，对发酵液定期取样，对更多的指标（挥发酸、氨氮等）进行实验室测试，及时反馈测试结果，以便操作人员及时调整消化反应器运行参数，保证厌氧消化过程的持续、稳定。

表 5-2　厌氧发酵系统的工艺控制参数

控制参数	发酵温度	停留时间	进料固含率	出料固含率	pH 值
数值	55 ℃	18 d	25%	20%	7～7.5

⑤ 进料、出料　消化反应器采用连续方式进料和出料，消化反应器中物料体积需保持恒定，因此消化反应器的排料时间、排料量与进料时间、进料量相同，即消化反应器中厨余垃圾进料与沼渣排料同时进行。出料选用设有控制阀门的重力自然出料方式，排放出的沼渣进入柱塞泵并直接送至挤压脱水系统。

（5）沼渣脱水系统

从消化反应器尾部出来的物料，用柱塞泵输送到沼渣脱水车间，再经过螺旋挤压脱水，沼渣期望的干物质含量由压力机设定。脱水后的沼渣含水率约为40%，直接用皮带机输送到隧道窑式好氧干化车间。图 5-19 为沼渣脱水系统。

图 5-19　沼渣脱水系统

脱出沼液经过气浮除渣后送填埋场污水处理厂处理。按德国的技术标准，沼液也可以作为液肥施用。

思考与练习

（1）简述固体废物堆肥化的定义，并分析固体废物堆肥化的意义和作用。

（2）分析好氧堆肥的基本原理。好氧堆肥化的微生物生化过程是什么？

（3）简述好氧堆肥的基本工艺过程，探讨影响固体废物堆肥化的主要因素。

（4）如何评价堆肥的腐熟程度？

（5）何谓厌氧发酵？简述厌氧发酵的生物化学过程。

（6）简述厌氧发酵的四阶段理论。

（7）影响厌氧发酵的因素有哪些？在进行厌氧发酵工艺设计时应考虑哪些问题？

（8）厌氧发酵装置有哪些类型？试比较它们的优缺点。

综合实训五　固体废物堆肥处理厂实训

1. 实训题目

固体堆肥处理厂实训。

2. 实训任务

到固体堆肥处理厂进行生产实习，主要了解固体废物的来源、特点、处理的方式及设备等；熟悉堆肥处理的工艺条件和工艺流程；熟悉固体废物堆肥场的运行及管理。

3. 实训要求

（1）严格遵守固体废物堆肥处理厂管理和安全方面的各项规定。

（2）按班级人数分成 4 ~ 6 人一组，选出小组负责人。负责组织本组学生参观实习，认真统计出勤情况。

（3）以小组为单位完成实训报告。

4. 实训时间

3 ~ 5 d。

5. 实训时间安排

（1）实训动员，布置任务，提出要求，强调纪律，准备实训所需要的工具。

（2）查阅文献资料，了解固体废物堆肥处理的原理及工艺流程。

（3）到固体废物堆肥厂参观实习。

（4）完成实训报告。

综合实训六　餐厨垃圾处理厂实训

1. 实训题目

参观餐厨垃圾处理厂。

2. 实训任务

到餐厨垃圾处理厂进行生产实习，主要了解餐厨垃圾来源、特点；熟悉餐厨垃圾处理的工艺流程并能够掌握设计和运行参数；熟悉餐厨垃圾处理的各种设备的运行及管理。

3. 实训要求

（1）严格遵守餐厨垃圾处理厂管理和安全方面的各项规定。
（2）未经工人师傅允许严禁触碰各种机械、开关。
（3）按班级人数分成 4~6 人一组，选出小组负责人。负责组织本组学生参观实习，认真统计出勤情况。
（4）以小组为单位完成实训报告。

4. 实训时间

3~5 d。

5. 实训时间安排

（1）实训动员，布置任务，提出要求，强调纪律，准备实训所需要的工具。
（2）查阅文献资料，了解餐厨垃圾处理的原理及工艺流程。
（3）到餐厨垃圾处理厂参观实习。
（4）完成实训报告。

项目六　危险废物固化与稳定化

❖ **学习目标** ❖

（1）了解危险废物固化与稳定化的基本概念和方法。
（2）熟悉衡量固化处理效果的技术指标。
（3）掌握固化与稳定化的技术方法和控制因素。
（4）掌握固化原理、固化的应用及固化流程。

❖ **基础知识** ❖

一、固体废物的固化/稳定化处理

（一）固化/稳定化的定义和技术

1. 固化/稳定化定义

固化/稳定化技术是处理重金属废物和其他非金属危险废物的重要手段，危险废物从产生到处置的全过程可以用图 6-1 来表示。经其他无害化、减量化处理的固体废物，都要全部或部分经过固化/稳定化处理后才能进行最终处置或加以利用。

2. 固化/稳定化技术及比较

已研究和应用多种固化/稳定化技术处理不同种类的危险废物，但是迄今尚未研究出一种适于处理任何类型危险废物的最佳固化/稳定化方法。根据固化基材及固化过程，目前常用的固化/稳定化技术主要包括下列几种：① 水泥固化；② 石灰固化；③ 塑性材料固化；④ 有机聚合物固化；⑤ 自胶结固化；⑥ 熔融固化（玻璃固化）和陶瓷固化；⑦ 化学稳定化。

上述方法已用于处理多种固体废物，包括金属表面加工废物、电镀及铅冶炼酸性废物、尾矿、废水处理污染、焚烧飞灰、食品生产污泥和烟道气处理污泥等。表 6-1 和表 6-2 分别列出了无机废物固化法和有机废物包容法的优缺点。

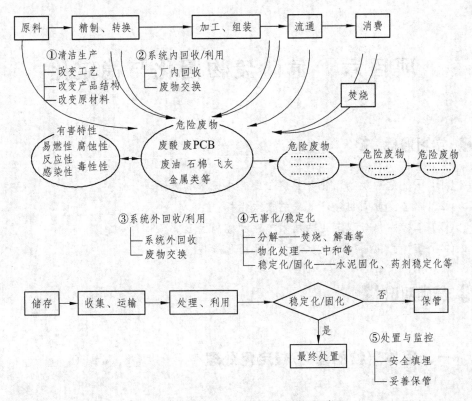

图 6-1　危险废物从产生到处置的全过程

表 6-1　无机废物固化法优缺点汇总

优点	缺点
① 设备投资费用及日常运行费用低	① 需要原料量大
② 所需材料比较便宜而丰富	② 原料（特别是水泥）是高耗能
③ 处理技术比较成熟	产品
④ 材料的天然碱性有助于所含酸度的中和	③ 某些废物如含有机物的废物在
⑤ 由于材料含水并能在很大的含水量范围内使用，而不需要彻底的脱水过程	固化时会有一些困难
	④ 处理后产物的重量和体积均有
	较大增加
⑥ 借助于有选择地改变处理剂的比例，处理后产物的物理性质可以软性黏土一直变化到整块石料	⑤ 处理后的产物容易被浸出，尤其容易被稀酸浸出，因此可能需要额外的密封材料
⑦ 用石灰为基质的方法可在一个单一的过程中处置两种废物	⑥ 稳定化机理有待深化研讨
⑧ 用黏土为基质的方法可用于处理某些有机废物	

表 6-2　有机废物包容法优缺点汇总

优点	缺点
① 污染物迁移率一般要比无机固化法低	① 所用的材料较昂贵
② 与无机固化法相比，需要的固定程度低	② 用热塑性及热固性包封法时，干燥、熔化及聚合化过程中能源消耗大
③ 处理后材料的密度较低，从而可降低运输成本	③ 某些有机聚合物是易燃的
④ 有机材料可在废物与浸出液之间形成一层不透水的边界层	④ 除大型包封法外，各种方法均需要熟练的技术工人及昂贵的设备
⑤ 此法可包封较大范围的废物	⑤ 材料是可降解的，易于被有机溶剂腐蚀
⑥ 对大型包封法而言，可直接应用现代化的设备喷涂树脂，无须其他能量开支	⑥ 某些这类材料在聚合不完全时自身会造成污染

（二）固化/稳定性技术对不同危险废物的适用性

危险废物种类繁多，并非所有的危险废物都适用于用固化处理。固化技术最早是用来处理放射性污泥和蒸发浓缩液的，最近 10 年来此技术得到迅速发展，被用来处理电镀污泥、铬渣等危险废物。表 6-3 为某些废物对不同固化/稳定化技术的适用性。

表 6-3　不同类型废物的固化/稳定技术适用范围

废物成分		处理技术			
		水泥固化	石灰等材料固化	热塑性微包容法	大型包容法
有机物	有机溶剂和油	影响凝固、有机气体挥发	影响凝固、有机气体挥发	加热时有机气体会逸出	先用固体基料吸附
	固态有机物（如塑料、树脂、沥青）	可适用 能提高固化体的耐久性	可适用 能提高固化体的耐久性	有可能作为凝结剂使用	可适用 可作为包容材料使用
无机物	酸性废物	水泥可中和酸	可适用 能中和酸	应先进行中和处理	应先进行中和处理
	氧化剂	可适用	可适用	会引起基料的破坏甚至燃烧	会破坏包容材料
	硫酸盐	影响凝固，除非适用特殊材料，否则引起表面剥落	可适用	会发生脱水反应和再水合反应而引起泄漏	可适用
	卤化物	很容易从水泥中浸出，妨碍凝固	妨碍凝固，会从水泥中浸出	会发生脱水反应和再水反应	可适用
	重金属盐	可适用	可适用	可适用	可适用
	放射性废物	可适用	可适用	可适用	可适用

（三）固化/稳定化技术比较

表 6-4 列举了不同种类固化/稳定化技术的适用对象和评估。需要指明：在评

定不同的固化/稳定化技术时，尚需综合考虑处理程序、添加剂的种类、废物性质、施工操作的所在位置条件等。

表 6-4　不同固化/稳定化技术的适用对象和优缺点

分类	适用对象	优点	缺点
水泥固化法	重金属，废酸，氧化物	① 水泥搅拌，处理技术已相当成熟 ② 对废物中化学性质的变动具有相当的承受力 ③ 可由水泥与废物的比例来控制固化体的结构强度与不透水性 ④ 无须特殊设备，处理成本低 ⑤ 废物可直接处理，无须前处理	① 废物中若含有特殊的盐类，会造成固化体破裂 ② 有机物的分解造成裂隙，增加渗透性，降低结构强度 ③ 大量水泥的使用导致固化体的体积和重量增加
石灰固化法	重金属，废酸，氧化物	① 所用物料价格便宜，容易购得 ② 操作不需特殊设备及技术 ③ 在适当的处置环境，可维持波索来反应（Pozzolanic reaction）持续进行	① 固化体的强度较低，且需较长时间养护 ② 有较大的体积膨胀，增加清运和处置困难
塑性固化法	部分非极性有机物，废酸，重金属	① 固化体的渗透性较其他固化法低 ② 对水溶液有良好的阻隔性	① 需要特殊设备和专业操作人员 ② 废污水中若含氧化剂或挥发性物质，加热时可能会着火或逸散 ③ 废物需先干燥，破碎后才能进行操作
熔融固化法	不挥发的高危害性废物，核能废料	① 玻璃体的高稳定性，可确保固化体的长期稳定 ② 可利用废玻璃屑作为固化材料 ③ 对核能废料的处理已有相当成功的技术	① 对可燃或具有挥发性的废物不适用 ② 高温热融需消耗大量能源 ③ 需要特殊设备及专业人员
自胶固化法	含有大量硫酸钙和亚硫酸钙的废物	① 烧结体的性质稳定，结构强度高 ② 烧结体不具生物反应性及着火性	① 应用面较为狭窄 ② 需要特殊的设备及专业人员
化学稳定化	重金属废物	① 稳定化产物具有较高的稳定性 ② 工艺简单，稳定化产物增容率低	① 对于含水分较高的废物需添加水泥或石灰减少产物含水率 ② 对于络合态的重金属稳定化效果欠佳

（四）固化/稳定化处理的基本要求与质量鉴别指标

1. 固化/稳定化处理的基本要求

（1）所得到的产品应该是一种密实的、具有一定几何形状和较好的物理性质、化学性质稳定的固态物。

（2）处理过程必须简单，应有有效措施减少有毒有害物质的逸出，避免工作场所和环境的污染。

（3）最终产品的体积尽可能小于掺入的固体废物的体积。

（4）产品中有毒有害物质的水分或其他指定浸提剂所浸析出的量不能超过允许水平（或浸出毒性标准）。

（5）处理费用低廉。

（6）对于固化放射性废物的固化产品，还应有较好的导热性和热稳定性，以便用适当的冷却方法，就可以防止放射性衰变热使固化体温度升高，避免产生自熔化现象，同时还要求产品具有较好的耐辐照稳定性。

以上要求大多是原则性的，实际上没有一种固化/稳定化方法和产品可以完全满足这些要求，但如其综合比较效果尚优，在实践中就可得到应用。

2. 质量鉴别指标

固化处理效果常用浸出率、增容比、抗压强度等物理、化学指标予以评价。

（1）浸出率

浸出率是指固化体浸于水中或其他溶液中时，其中有毒（害）物质的浸出速度。浸出率的数学表达式如下：

$$R_{in}=a_r×M/(A_0×F×t) \tag{6-1}$$

式中　R_{in}——标准比表面的样品每天浸出的有害物质的浸出率，$g/(d·cm^2)$；

a_r——浸出时间内浸出的有害物质的量，mg；

A_0——样品中含有的有害物质的量，mg；

F——样品暴露的表面积，cm^2；

M——样品的质量，g；

t——浸出时间，d。

将有毒危险废物转变为固体形式的基本目的，是为了减少它在贮存或填埋处置过程中污染环境的潜在危险性。污染扩散的主要途径是有毒有害物质溶解进入地表或地下水环境中。因此，固化体在浸泡时的溶解性能，即浸出率，是鉴别固化体产品性能的重要指标之一。

（2）体积变化因数

体积变化因数即增容比，是指所形成的固化体体积与被固化有害废物体积的比值，它是鉴别固化/稳定化处理方法好坏和衡量最终处置成本的一项重要指标，其大小取决于药剂掺入量和有毒有害物质控制水平。即

$$C_i=V_2/V_1 \tag{6-2}$$

式中　C_i——增容比；

V_2——固化体体积，m^3；

V_1——固化前有害废物的体积，m^3。

（3）抗压强度

抗压强度是固化体基本工程特性指标，目的在于确保固化体在贮运过程和最终处置过程中不至于出现结构破坏，甚至破裂和散裂现象而造成暴露比表面积增加，污染环境的潜在可能性增大情况发生。

对于一般的危险废物，经固化处理后得到的固化体，若进行处置或装桶贮存，对抗压强度要求较低，控制在 $0.1 \sim 0.5$ MPa 即可；作为填埋处理，无侧限抗压强度大于 50 kPa；作为建筑填土，无侧限抗压强度大于 100 kPa，作为建筑材料要求大于 10 MPa。对于放射性废物，其固化产品的抗压强度，前苏联要求大于 5 MPa，英国要求达到 20 MPa。一般情况下，固化体的强度越高，其中有毒有害组分的浸出率也越低。

二、固化/稳定化技术

（一）水泥固化

1. 水泥固化的基本理论

水泥是最常用的危险废物稳定剂，由于水泥是一种无机胶结材料，经过水化反应后可以生成坚硬的水泥固化体，是固体废物处理时最常用固化技术。水泥的品种繁多，包括普通的硅酸盐水泥、矿渣硅酸盐水泥、矾土水泥、沸石水泥等都可以用作废物固化处理的基材。其中最常用的是普通硅酸盐水泥（也称为波兰特水泥），它是用石灰石、黏土以及其他硅酸盐物质混合在水泥窑中高温下煅烧，然后研磨成粉末状。在用水泥稳定化时，可将废物与水泥混合起来，如果在废物中没有足够的水分，还要加水使之水化。水化以后的水泥形成与岩石性能相近的，整体的钙铝硅酸盐的坚硬晶体结构。这种水化以后的产物，称为混凝土。废物被掺入水泥的基质中，在一定条件下，废物经过物理、化学的作用更进一步减少它们在废物-水泥基质中的迁移率。人们还经常把少量的飞灰、硅酸钠、膨润土或专利产品等活性剂加入水泥中以增进反应过程。最终依靠所加药剂使粒状的像土壤的物料变成了黏合的块状物，从而使大量的废物固化/稳定化。

2. 水泥固化工艺

（1）外部混合法

将废物、水泥、添加剂和水在单独的混合器中进行混合，经过充分搅拌后再注入处置容器中（图 6-2）。

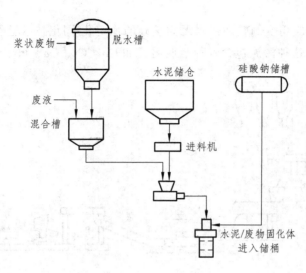

图 6-2　外部加水泥的方法

（2）容器内混合法

直接在最终处置使用的容器内进行混合（图 6-3）。该法的优点是不产生二次污染物，但在操作过程中受限太多。该法适用于处置危害性大但数量不多的废物。

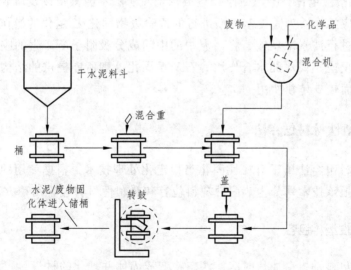

图 6-3　在桶中加水泥的方法

（3）注入法

对于原来颗粒度较大，或粒度十分不均匀，不便进行搅拌的固体废物，可以先把废物放入桶内，然后再将制备好的水泥浆料注入，如果需要处理液态废物，也可以同时将废液注入。为了达到混匀的效果，容器不能完全充满。

3. 水泥固化技术的应用

水泥固化法应用实例较多：水泥为基础的稳定化/固化技术已经用来处理电镀污泥（图 6-4），这种污泥包含各种金属屑，如 Cd、Cr、Cu、Pb、Ni、Zn。

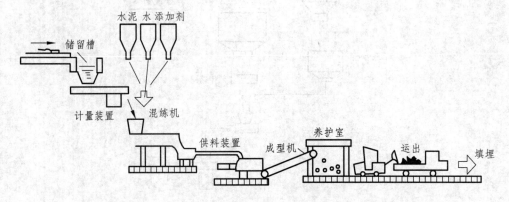

图 6-4　水泥固化法处理含有重金属污泥的工艺流程

（二）石灰固化

石灰固化/稳定化是指以石灰、垃圾焚烧飞灰、水泥窑灰以及熔矿炉炉渣等具有波索来反应的物质为固化基材而进行的危险废物固化/稳定化的操作。在适当的催化环境下进行波索来反应，将污泥中的中间成分吸附于所产生的胶体结晶中。但因波索来反应不似水泥水合作用，石灰系固化处理所能提供的结构强度不如水泥固化，因而较少单独使用。

（三）塑性材料包容法

塑性材料包容法属于有机性固化与稳定化处理技术，根据使用的材料和性能不同，可以把该技术划分为热固性塑料包容和热塑性材料包容两种方法。

1. 热固性塑料包容

热固性塑料是指在加热时能使液态物变成固体并硬化的材料。

热固性塑料包容用热固性有机单体和经过粉碎处理的废物充分混合，在助凝剂和催化剂的作用下产生聚合以形成海绵状的聚合物质，从而在每个废物颗粒的周围形成一层不透水的保护膜。但在用此方法处理时，经常有一部分液体废物遗留下来，因此，在进行最终处置以前还需要进行一次干化。目前常用的热固性材料有脲甲醛、聚酯和聚丁二烯等，酚醛树脂及环氧树脂也在小范围内使用。

2. 热塑性材料包容

热塑性材料是指那些在加热后冷却时能反复转化和硬化的有机材料，如沥青、聚乙烯、聚氯乙烯、聚丙烯、石蜡等。这些材料在常温下为坚硬的固体，而在较高温度下有可塑性和流动性。

热塑性材料包容是用熔融的热塑性物质在高温下与干燥脱水危险废物混合，以达到对废物稳定化的目的的过程。

在操作时，通常是先将废物干燥脱水，然后将聚合物与废物在适当的高温下混合，并在升温的条件下将水分蒸发掉。该法可以使用间歇式工艺，也可以使用连续操作的设备。

作为代表性的方法，此处对沥青固化技术作简要的介绍。

沥青固化是以沥青类材料作为固化剂，与有害废物在一定的温度、配料比、碱度和搅拌作用下产生皂化反应，使有害废物均匀地包容在沥青中，形成稳定的固化体。

沥青属于憎水性物质，具有良好的黏结性、化学稳定性与一定的弹性、塑性，对大多数酸、碱、盐类有一定的耐腐蚀性。此外，它还具有一定的辐射稳定性，一般被用来处理具有中、低放射性的蒸发残渣及有毒有害废物。

放射性废物沥青固化的基本方法有高温熔化混合蒸发法（图 6-5）、暂时乳化法（图 6-6）和化学乳化法三种。

高温熔化混合蒸发法是将废液加入预先熔化的沥青中，在 150～230 ℃ 下搅拌混合蒸发，待水分和其他挥发组分排出后，将混合物排至贮存器或处置容器中。高温熔化混合蒸发法沥青固化的主要设备有沥青预热器、给料设备和混合槽，以及废气净化系统。其操作步骤是将已熔化的沥青送入混合槽，并通过混合槽的加热装置使其维持在一定的温度范围内，然后将放射性废液以一定的速率加入混合槽内，在约 220 ℃ 条件下高速搅拌，使沥青和废液充分混合。当加入的盐分与沥青的重量比达 40% 时，即可把混合物排至贮存桶内，待其冷却硬化后即形成沥青固化体。

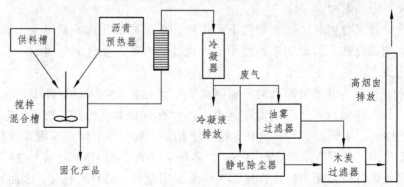

图 6-5　高温熔化混合蒸发沥青固化流程

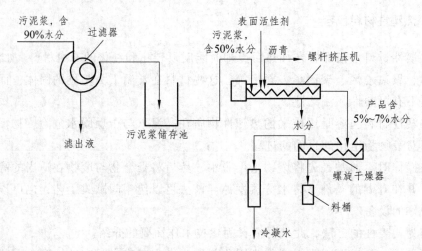

图 6-6　暂时乳化法沥青固化流程

放射性泥浆的暂时乳化法沥青固化分三个步骤进行：① 将污泥浆、沥青与表面活性剂混合成乳浆状；② 分离除去大部分水分；③ 进一步升温干燥，使混合物脱水。

在暂时乳化法沥青固化中，其主要设备是双螺杆挤压机。它主要由包括加料段、压缩段及蒸发段的两根不等距螺杆和沥青与料液加料口、二次蒸汽排出口、产品出口和分段加热的外筒组成。沥青和料液加入双螺杆挤压机后，被两根相向旋转的、相互咬合的螺杆不断搅拌，并沿着挤压机外筒内壁呈薄膜状向前推进。在推进和搅拌过程中，水分被分离和蒸发，而盐分却包容在沥青中由排出口挤出。

（四）有机聚合物固化

有机物配合物固化法是将一种有机聚合物的单体与湿废物或干废物在一个容器或一个特殊设计的混合器里完全混合，然后加入一种催化剂搅拌均匀，使其聚合、固化。在固化过程中，废物被聚合物包胶，通常使用的有机聚合物主要有酚醛树脂和不饱和聚酯。

用有机物聚合固化法，在常温下操作时，添加的催化剂数量很少，最终产品体积比其他固化法小，此法能处理干渣，也能处理湿泥浆，固化体不可燃，掺和废物比例高，固化体密度小。

国际上利用不饱和聚酯和酚醛树脂固化工业有害废物和放射性废物，已有较多研究，其中许多技术已达到商业规模。在含有重金属、油及有机物的电镀污泥中加入碳酸钙，干燥以后与不饱和聚酯、催化剂、助凝剂、河沙等混合加热固化。在标准配比中，在干污泥重 30%以下，以不饱和树脂 20%～30%、骨料 35%～50%做成的固化体抗拉强度和抗压强度都大于水泥固化体，而且重量轻，表面有光泽，可作为建筑轻骨料使用，但价格很高。

（五）自胶结固化

自胶结固化是利用废物自身的胶结特性来达到固化目的的方法。该技术主要用来处理含有大量硫酸钙和亚硫酸钙的废物，如磷石膏、烟道气脱硫废渣等。在废物中二水合石膏的含量最好高于80%。

固化原理是 $CaSO_4 \cdot 2H_2O$ 或 $CaSO_3 \cdot 2H_2O$ 经煅烧成具自胶结作用的亚硫酸钙或半水硫酸钙，遇水后迅速凝固和硬化。将含有大量硫酸钙和亚硫酸钙的废物在控制温度下煅烧，然后与特制的添加剂和填料混合成为稀浆，经过凝结硬化过程即可形成自胶结固化体。

该法已经在美国大规模应用，美国的泥渣固化技术公司（SFT）利用自胶结固化原理开发了一种名为 Terra-Crete 的技术，用以处理烟道气脱硫的泥渣，其工艺过程（图6-7）是：首先将泥渣送入沉陷槽，沉淀后再送入真空过滤器脱水。得到的滤饼分成两部分：一部分滤饼直接送入混合器；另一部分送入燃烧器进行煅烧，经过干燥脱水而转化为胶结剂，然后送到贮槽贮存。最后把煅烧产品、添加剂、粉煤灰一起送入混合器中混合，经凝结硬化形成黏土状物质。添加剂与煅烧产品在物料总重中的比例应大于10%。固化体可送往土地填埋场处置。

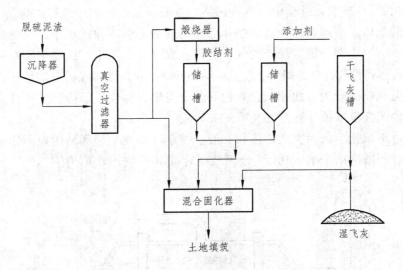

图6-7　烟道气脱硫泥渣自胶结固化的工艺流程

（六）熔融固化

熔融固化技术，也称玻璃化技术，是利用热在高温下把固态污染物（如污染土、城市垃圾、尾矿渣、放射性废料等）熔化为玻璃状或玻璃-陶瓷状物质，借助玻璃体的致密结晶结构，确保固化体的永久稳定。污染物经过玻璃化作用后，有机污染物将因热解而被分离摧毁，或转化为气体逸出。而其中的放射性物质和重金属元素则被牢固地束缚于已熔化的玻璃体内。

根据熔融温度与添加的材料不同，可将熔融固化技术分为玻璃化技术、陶瓷化技术与铸石技术等；根据玻璃化技术处理场所的不同，可以把它分为两类：原位熔融固化（In-Situ Vitrification，ISV）和异地熔融固化（Ex-Situ Vitrification，ESV）。根据使用热源不同，可将它分为电热源熔融固化技术与燃料热源熔融固化技术。在电热源熔融固化技术中又以高温等离子体的熔融固化技术受到广泛关注和研究。

1. 原位熔融固化技术

原位玻璃化处理技术通常应用于被有机物污染的土地的原位修复，采用电能来加热以熔化污染土，使之冷却后形成化学惰性的、非扩散的坚硬玻璃体技术。

通常情况下，ISV 系统包括电力系统、挥发气体收集系统（使逸出气体不进入大气）、逸出气体冷却系统、逸出气体处理系统、控制站和石墨电极。操作时一般先把地表土熔化，然后把电极逐步向下移动，由浅到深直到把深部的污染土也熔化为止（目前也有的操作是直接把电极插入需要处理的位置，直接把该处的污染土熔化）。在玻璃化过程中，有机污染物首先被蒸发，然后裂解成为简单组分，所产生的气体逐渐通过黏稠的熔融体而移动到表面。在此过程中，一部分溶解在熔融体中，另一部分则散失于大气。为防止大气受到污染，应收集所有释放的气体，并处理到排放标准（图 6-8）。1600 ~ 2000 ℃的高温将保证分解所有的有机污染物。无机物的行为与此相似，它们一部分与熔融体发生反应，另一部分会被分解，例如硝酸根将被分解为氮气（N_2）和氧气（O_2）。

经过玻璃化后的污染土的体积一般会缩小，导致处理场地的地面比原来稍微下陷，容积减少率 25% ~ 50%。处理结束时可用干净土回填凹陷处。

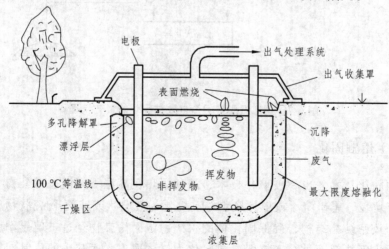

图 6-8　受污染土壤的原位熔融固化处理过程

2. 异地熔融固化技术

异地熔融固化技术与原位熔融固化技术相似，其区别仅在于异地玻璃化处理时是把固体废物运移到别处，并放到一个密封的熔炉内进行加热。根据其热源的不同，可将其分为燃料源熔融技术和电热源熔融技术。

（1）燃料源熔融固化技术

以燃料作为热源，将固体废物投入燃烧器中，表面被加热至 1300～1400℃，有机物热分解、燃烧、汽化，熔融的无机物转化为无害的玻璃质熔渣，其中低沸点重金属类物质转移到气体中，残余物质则被固定在玻璃质的基体中。熔融开始时，表面上部的熔渣以皮膜状流动，因此称表面熔融或薄膜熔融。其处理流程见图 6-9。由于炉内温度要求高，燃料消耗量大，故应考虑设置热能回收设施，以获得较高的经济效益。低沸点重金属类以及碱式盐类，由于炉内可挥发成气体，所以要将其返送到焚烧炉设备的废气处理线或设置独立的收集系统。

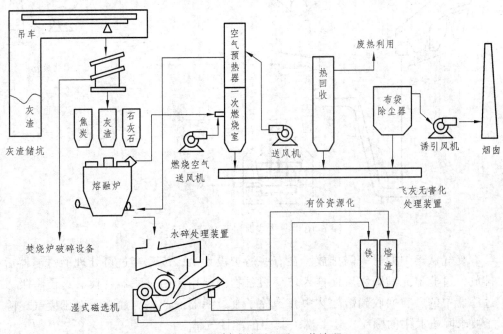

图 6-9 燃料式熔融系统工艺流程

3. 电热源熔融固化技术

在玻璃熔炉内中利用电极加热熔融玻璃（1000～1300℃）作为供热介质，将废物及空气导入熔融玻璃表面或内部，使废物在高温下分解并反应，废气流到后处理体系，残渣被玻璃包裹并移出体系。

玻璃熔炉是一个有耐火材料衬里的反应器，装有熔融玻璃池，首先通过辅助加热融化玻璃，然后根据玻璃的化学性质用焦耳加热方式使其保持熔融状态（927～1538 ℃）。用焦耳加热方式，电流穿过浸入式电极间的熔融物料，由于存在电流和物料的阻力，能量传递给这些物料。根据温度，电极可选用铬镍合金或钼铁合金。

电热式熔融系统工艺流程见图 6-10。从熔融玻璃上面熔炉的一侧与燃烧气体一同加入废物。可用喷射器加入液态或气态废物；用螺旋输送机输入细碎固体物质和污泥；用冲压式加料器输送集装箱废物。熔融玻璃的辐射热和接触热提供了玻璃池上面燃烧有机废物所需的热量。设在熔炉壁相对方向的不同高度处的空气进口，在玻璃池上面形成有利于混合的涡流，并提供用于燃烧的氧气。

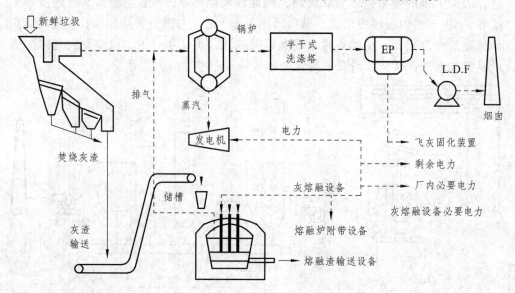

图 6-10　电热式融融系统工艺流程

废气从熔炉的另一侧排放。在有些熔炉设计上，废气穿过可处理的过滤器后排放，过滤器充满颗粒后便推入玻璃熔融物中，用新的过滤器替代。这便将吸入过滤器中的颗粒回收到熔融物中并消除了废过滤器的产生。通常，对于废气，除了要求除去其中的颗粒，还要洗去其中的酸性气体。

根据玻璃的化学性质和废物组分，燃烧产生的固体以及惰性废料将被熔化并熔解到玻璃基体中，难熔的或者通过化学作用不能与玻璃基体黏合的废料被密封在玻璃体中。玻璃与废物的混合物被连续或分批排出，固化成坚硬的、能够抗浸出的玻璃状的废物体。

4. 高温等离子熔融固化技术

等离子体熔融技术近年来受到广泛关注。当电极之间加以高电压，两个电极间的气体在电场作用下发生电离，形成大量正负带电粒子和中性粒子，也就是等离子体，可产生很高温度，使固体废物熔融。

高温等离子体熔融炉结构见图 6-11。整个过程在处理室中进行。通过 3 根石墨起弧电极施加直流电势产生等离子体，电极都是穿过顶盖浸入处理室的，3 根直流电极按 120°夹角均匀布置，其中 1 根电极在一极而另 2 根在相反的极，它们从顶盖通过气室进入熔池。在 3 根石墨等离子弧电极的外围，还设有 3 根交流石墨焦耳热电极，从顶盖插入熔池内。阴极发射电子，在电场作用下加速射向阳极，在熔池中阳极和阴极之间产生等离子电弧，在电子碰撞中电子动能转化为热能，在高温下迅速将被处理物料分解熔化。熔炉中的交流电极焦耳热用于熔池中保持更均匀的温度分配，并能保证完全处理掉可能残存在熔池中的被处理物料。

进入处理室的废弃物在还原气氛中有机物被分解气化，无机物则被熔化成玻璃体硅酸盐及技术产物，消除了 NO_x、SO_x 等酸性气体的排放。气化产物主要是合成气（主要是 CO、H_2、CH_4）和少量的 HCl、HF 等酸气。

等离子强化熔炉的等离子弧是低电压（20~80 V）、高电流（200~3600 A），同时伴随发出强光和高热。在中心部位可达 10 000 ℃ 高温。整个等离子区的温度为 2000~10 000 ℃，将废物加入等离子区，在超过 2000 ℃ 的高温下，任何有机物都会在瞬间被打碎为原子状态，而且 3 根交流电极产生的焦耳热，维持了高温熔池，并且可以保证被处理物料的高温分解是非常彻底的，这是等离子强化熔炉的主要特点。

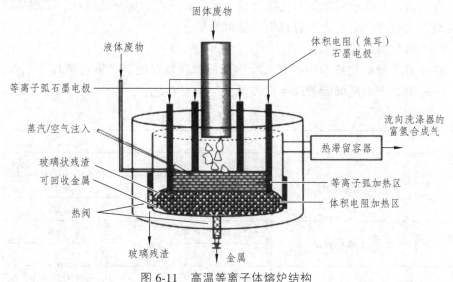

图 6-11 高温等离子体熔炉结构

（七）化学稳定化处理技术

化学稳定化技术种类很多，主要包括：pH 控制技术、氧化/还原电势控制技术、沉淀技术、吸附技术和离子交换技术。

1. pH 控制技术

这是一种最普遍、最简单的方法。其原理为：加入碱性药剂，将废物的 pH 调整至使重金属离子具有最小溶解度的范围，从而实现其稳定化。常用的 pH 调整剂有石灰[CaO 或 Ca(OH)$_2$]、苏打（Na$_2$CO$_3$）、氢氧化钠（NaOH）等。另外，除了这些常用的强碱外，大部分固化基材，如普通水泥、石灰窑灰渣、硅酸钠等也都是碱性物质，它们在固化废物的同时，也有调整 pH 的作用。同时石灰及一些类型的黏土可用作 pH 缓冲材料。

2. 氧化/还原电势控制技术

为了使某些重金属离子更易沉淀，常要将其氧化或还原为最有利的价态。最典型的是把六价铬（Cr^{6+}）还原为三价铬（Cr^{3+}），三价砷（As^{3+}）氧化为五价砷（As^{5+}）。常用的还原剂有硫酸亚铁、硫代硫酸钠、亚硫酸氢钠、二氧化硫等。常用的氧化剂有臭氧、过氧化氢、二氧化锰等。

3. 沉淀技术

常用的沉淀技术包括氢氧化物沉淀、硫化物沉淀、硅酸盐沉淀、磷酸盐沉淀、共沉淀、无机络合物沉淀和有机络合物沉淀等。

（1）硫化物沉淀

在重金属稳定化技术中，有三类常用的硫化物沉淀剂，即可溶性无机硫沉淀剂、不可溶性无机硫沉淀剂和有机硫沉淀剂（表 6-5）。

表 6-5　常用的硫化物沉淀剂

种　类	名　称	分子式
可溶性无机硫沉淀剂	硫化钠	Na$_2$S
	硫氢化钠	NaHS
	硫化钙（低溶解度）	CaS
不可溶性无机硫沉淀剂	硫化亚铁	FeS
	单质硫	S
有机硫沉淀剂	二硫代氨基甲酸盐	[—R—NH—CS—S]$^-$
	硫脲	H$_2$N—CS—NH$_2$
	硫代酰胺	R—CS—NH$_2$
	黄原酸盐	[RO—CS—S]$^-$

（2）硅酸盐沉淀

溶液中的重金属离子与硅酸根之间的反应并不是按单一的比例形成晶态的硅酸盐，而是生成一种可看作由水合金属离子与二氧化硅或硅胶按不同比例结合而成的混合物。这种硅酸盐沉淀在较宽的 pH 范围（2~11）有较低的溶解度。这种方法在实际处理中应用并不广泛。

（3）磷酸盐沉淀

用磷酸盐对重金属危险废物进行稳定化处理的机理主要有两种：吸附作用和化学沉淀作用。可溶性磷酸盐（如磷酸钠）的处理机理主要是化学沉淀作用，即通过加入磷酸盐药剂及溶剂水，使可溶的重金属离子转化为难溶或溶解度很小的稳定的磷酸盐，从而达到稳定重金属的目的。而一些磷矿石（如磷灰石）的处理机理则是吸附反应和化学沉淀反应同时进行。

（4）碳酸盐沉淀

一些重金属，如钡、镉、铅的碳酸盐的溶解度低于其氢氧化物，但碳酸盐沉淀法并没有得到广泛应用。原因在于，当 pH 值低时，二氧化碳会逸出，即使最终的 pH 值很高，最终产物也只能是氢氧化物而不是碳酸盐沉淀。

（5）共沉淀

在非二价重金属离子与 Fe^{2+} 共存的溶液中，投加等当量的碱调 pH，则由反应

$$xM^{2+} + (3-x)Fe^{2+} + 6OH^- \longrightarrow M_xFe_{3-x}(OH)_6$$

生成暗绿色的混合氢氧化物，再用空气氧化使之再溶解，经络合而生成黑色的尖晶石型化合物（铁氧）$M_xFe_{3-x}O_4$。在铁氧体中，三价铁离子和二价金属离子（也包括二价铁离子）之比是 2:1，故可试以铁氧体的形式都加 Mn^{2+}、Zn^{2+}、Ni^+、Mg^{2+}、Cu^{2+}。

$$M_xFe_{3-x}(OH)_6 + O_2 \longrightarrow M_xFe_{3-x}O_4$$

（6）无机及有机螯合物沉淀

这时一个尚需探索发展的领域，但若溶液中的重金属与若干络合剂可以生成稳定可溶的络合物的形态。这将给稳定化带来困难。若废水中含有络合剂，如磷酸酯、柠檬酸盐、葡萄糖酸、氨基乙酸、EDTA 及许多天然有机酸，它们将于重金属离子配位形成非常稳定的可溶性螯合物。由于这些螯合物不易发生化学反应，很难通过一般的方法去除。

所谓螯合物，是指多齿配体以两个或两个以上配位原子同时和一个中心原子配位所形成的具有环状结构的络合物。

螯环的形成使螯合物比相应的非螯合络合物具有更高的稳定性，这种效应被称之为螯合效应。对 Pb^{2+}、Cd^{2+}、Ag^+、Ni^{2+} 和 Cu^{2+} 5 种重金属离子都有非常好的捕集效果，去除率均达到 98% 以上；对 Co^{2+} 和 Cr^{3+} 捕集效果较差，但去除率也在 85% 以上。稳定化处理效果优于无机硫沉淀剂 Na_2S 的处理效果。得到的产物比用

Na_2S 所得到的能在更宽的 pH 范围内保持稳定，且从有效溶出量试验的结果来看，具有更高的长期稳定性。

4. 吸附技术

作为处理重金属废物的常用的吸附剂有：活性炭、黏土、金属氧化物（氧化铁、氧化镁、氧化铝等）、天然材料（锯末、沙、泥炭等）、人工材料（飞灰、活性氧化铝、有机聚合物等）。研究发现，一种吸附剂往往只对某一种或某几种污染物具有优良的吸附性能，而对其他污染成分则效果不佳。例如，活性炭对吸附有机物最有效，活性氧化铝对镍离子的吸附能力较强，而其他吸附剂对这种金属离子却表现出无能为力。

5. 离子交换技术

最常见的离子交换剂是有机离子交换树脂、天然或人工合成的沸石、硅胶等。用有机树脂和其他的人工合成材料去除水中的重金属离子通常是非常昂贵的，这种方法一般只适用于给水和废水处理。另外，还需要注意的是，离子交换与吸附都是可逆的过程，如果逆反应发生的条件得到满足，污染物就会重新逸出。

可以大规模应用的重金属稳定化的方法是比较有限的，但由于重金属在危险废物中存在形态千差万别，具体到某一种废物，需根据所要达到的处理效果，确定处理方法和实施工艺。

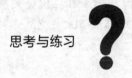

思考与练习

（1）常用的危险废物固化/稳定化方法有哪些？
（2）论述各种固化方法的原理、特点及应用范围。
（3）常用哪些指标来评价固化物的效果？
（4）利用浸出毒性方法能否直接用于固化/稳定化产物的长期稳定性评价？

项目七　固体废物的处理与资源化

❖ **学习目标** ❖

（1）掌握固体废物资源化的概念和基本途径。

（2）熟悉工业固体废物、矿业固体废物、城市生活垃圾和农业固体废物的处理与资源化技术。

（3）能根据固体废物的类型和特征，综合分析，选择出适合的综合利用方案。

❖ **基础知识** ❖

一、工业固体废物处理与资源化

工业固体废物是指工业生产、加工过程中产生的废渣、粉尘、碎屑、污泥等废物。工业固体废物种类繁多，产生量大，对环境具有很大的危害。按工业生产部门来分，工业固体废物主要包括：冶金废渣（如高炉渣、钢渣、铁合金渣、赤泥等）、能源电力工业废渣（如粉煤灰、炉渣、烟道灰）、矿业废物（如煤矸石、尾矿）、化学工业废渣（如铬渣、磷石膏、氰渣、硫铁矿烧渣）、石化工业废物（如酸碱渣、废催化剂、废溶剂等），以及轻工业排出的下脚料、污泥、渣糟等废物。

目前，我国工业固体废物的利用途径主要包括筑路筑坝、工程回填、生产建材原料以及化工产品、提炼金属等有用物质、土壤改良等。

（一）高炉渣的资源化

1. 高炉渣的来源及组成

高炉渣是指冶炼生铁时从高炉中排放出来的一种废渣，由矿石中的脉石、燃料中的灰分和助溶剂（石灰石）等原料在炉温达到 1400~1600 ℃ 时，和其他杂质形成以硅酸盐和铝酸盐为主的浮在铁水上面的熔渣。

高炉渣的主要化学成分包括 CaO、Al_2O_3、SiO_2、MgO、MnO、FeO、S 等。

此外，有些矿渣还含有微量的 TiO_2、V_2O_5、Na_2O、BaO、P_2O_5 和 Cr_2O_3 等。其中 CaO、Al_2O_3、SiO_2、MgO 这 4 种主要成分占高炉渣总质量的 90%以上。目前我国除少部分钒钛高炉渣、含放射性稀土元素的高炉渣没有利用外，普通高炉渣基本上都得到了综合利用。

2. 高炉渣的处理及利用

在利用高炉渣之前，需要对其进行冷却处理，然后加工。我国的高炉熔渣一般采用三种冷却方法，即急冷法（水淬法）、半急冷法和慢冷法（热泼法），分别将高炉渣加工成水渣、矿渣碎石、膨胀矿渣和膨胀矿渣珠等形式加以利用（图7-1）。不同炉渣性能不同，用途也不同。

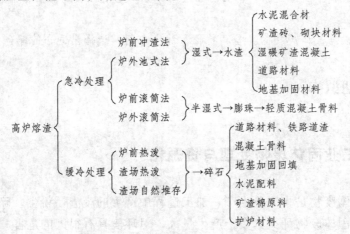

图 7-1 高炉渣处理工艺及利用途径

（二）钢渣的资源化

1. 钢渣的来源和组成

钢渣是炼钢过程中生铁或废钢中的元素氧化，并在高温下与石灰石起反应形成的熔渣，是炼钢过程中的必然副产物。它主要由生铁中的硅、锰、磷、铁等元素氧化后生成的氧化物、金属炉料带入的杂质、加入的造渣材料（石灰石、白云石、铁矿石、硅石等）和氧化剂、被侵蚀的炉衬及补炉材料等组成，其中各种造渣材料是炉渣的主要来源。

2. 钢渣的综合利用

钢渣有多种用途，目前主要用作冶金原料、建筑材料、筑路和回填材料以及农业利用等。

（1）用作冶金原料

① 烧结熔剂：将钢渣破碎成粒度小于 10 mm 的钢渣粉，便可替代部分石灰石作烧结配料用。

② 高炉炼铁熔剂：钢渣中含有 40%～60%的 CaO、10%～30%的 Fe 以及 2%左右的 Mn。将其直接返回高炉做熔剂，既可以回收其中的 Fe，又能把 CaO、MgO 等作为助熔剂，可节省石灰石、白云石等资源的消耗。

③ 炼钢返回渣：采用转炉炼钢工艺时，每吨钢使用高碱度返回钢渣 25 kg 左右，并配合使用白云石，可提高炼钢成渣速度，减少初期渣对炉衬的侵蚀，可提高炉龄，降低耐火材料的消耗。

④ 回收废钢铁：钢渣中一般含 7%～10%的废钢和钢粒，经破碎、磁选和精加工后可回收其中 90%以上的废钢。

（2）用作建筑材料

① 生产钢渣水泥：钢渣中含有和水泥相类似的硅酸三钙、硅酸二钙及铁酸钙等活性矿物，具有水硬胶凝性，因此可以成为生产无熟料水泥及少熟料水泥的原料，也可以作为水泥掺和料。

② 生产钢渣混凝土：用钢渣粉配制的混凝土具有较高的耐磨性、抗炭化性，水化热低，抗折强度高，韧性好等。

③ 作筑路与回填材料：钢渣碎石密度大、强度高、稳定性好、表面粗糙、耐腐蚀和耐久性好，并且与沥青结合比较牢固，因而广泛应用于各种路基材料、工程回填、修筑堤坝和填海工程等以替代天然碎石。

④ 生产建材制品：把钢渣与粉煤灰或炉渣以及激发剂（石灰、石膏粉）按一定比例混合，加水搅拌，经轮碾、压制成型、养护，可制成不同规格的砖、瓦、砌块等建筑材料。其强度和质量与普通红砖类似。

（3）用于农业生产

① 用作农肥：钢渣是一种以钙、硅为主，并含有多种养分的既有速效又有后效的复合矿物质肥料，易被植物吸收。另外，钢渣中含有的微量铜、锌、铁、锰等元素，也对作物生长起到一定促进作用。

② 用作土壤改良剂：钙、镁含量高的钢渣，磨细后，可作为酸性土壤改良剂，并且能够增加土壤肥力和农作物的抗病虫害能力。

（4）作为水处理材料

钢渣中含有大量硅酸钙和少量游离氧化钙，又含有一定量金属铁和氧化铁，因而在水溶液中有较强的碱性和一定的机械强度，能够承受较大的水力冲击，减少水力磨损；同时，钢渣内孔隙较多，拥有较大的比表面积，可增加钢渣与污染物的接触机会。此外，钢渣的密度大从而有利于后续固液分离。因此，钢渣是一种集化学沉淀、吸附、中和等多种功能于一体的新型廉价水处理材料，在废水处理领域具有很好的应用前景。

目前，钢渣已被用于处理含镍、铜、铅、铬、镉等重金属的废水，也用于处理含砷、磷、酸性废物和阳离子染料的废水。

（三）粉煤灰的资源化

1. 粉煤灰的来源和组成

粉煤灰是煤粉经高温燃烧后形成的一种类似火山灰质的混合材料。燃烧煤的发电厂将煤磨细至 100 μm 以下，用预热空气喷入炉膛呈悬浮状态燃烧，产生大量煤灰渣。从燃烧后的烟气中经除尘设备收集的煤灰渣称为粉煤灰；而由炉底排除的煤灰渣称炉渣。其中，粉煤灰占整个煤灰渣量的 70% 左右。

粉煤灰的化学组成与黏土类似，其主要成分为 SiO_2、Al_2O_3、Fe_2O_3、CaO 和未燃炭，其余为少量 K、P、S、Mg 等的化合物以及微量 As、Cu、Zn 等的化合物。粉煤灰的主要成分及其变化范围见表 7-1。

表 7-1 中国一般低钙粉煤灰的化学成分及其变化范围

成分	SiO_2	Al_2O_3	Fe_2O_3	CaO	MgO	SO_3	Na_2O 及 K_2O	烧失量
含量/%	40~60	17~35	2~15	1~10	0.5~2	0.1~2	0.5~4	1~26

2. 粉煤灰的综合利用

目前，我国粉煤灰的主要利用途径是生产建筑材料、筑路和回填，还可用作农业肥料和土壤改良剂，从中回收工业原料和制作环保材料等。

（1）粉煤灰用作建筑材料

粉煤灰用作建筑材料包括生产粉煤灰水泥、粉煤灰混凝土、粉煤灰砖、粉煤灰轻骨料和粉煤灰砌块等。

①粉煤灰水泥：粉煤灰可代替黏土配置水泥生料。粉煤灰水泥是由硅酸盐水泥和粉煤灰，加入适量的石膏磨细而成的水硬胶凝材料。

②粉煤灰混凝土：粉煤灰混凝土是以粉煤灰取代部分水泥，以粉煤灰水泥为胶结料，砂、石等为骨料，加水搅拌而成的建筑材料。

③粉煤灰制砖：粉煤灰可以代替黏土生产蒸养砖、烧结砖和轻质耐火保温砖等各类粉煤灰砖。

④粉煤灰轻骨料：粉煤灰轻骨料主要是指粉煤灰陶粒、蒸养陶粒和活性粉煤灰陶粒。其中以粉煤灰陶粒为主。

粉煤灰陶粒质量轻、强度高、热导率低、耐火性强、化学稳定性好，适合配置各种用途的高强度轻质混凝土，可降低建筑物自重，改善建筑物使用性能，节约材料，降低建筑造价。

⑤ 粉煤灰砌块：以粉煤灰、石灰、石膏为胶凝材料，煤渣、高炉渣等为骨料，经加水搅拌、振动成型、蒸汽养护而成的墙体材料。各种原料的配比如表7-2所示。

表7-2 粉煤灰砌块原料配合比

原料	粉煤灰	炉渣	生石灰	石膏	用水量
配比/%	27～32	45～55	15～25	2～5	30～36

（2）筑路回填

① 用作路基材料：粉煤灰可代替砂石、黏土用于公路路基和堤坝的修筑。掺入粉煤灰后路面隔热性能好，防水性和板体性好，适于处理软弱地基。

② 用于工程回填：利用粉煤灰对矿区的煤坑、洼地进行回填，既能降低塌陷程度，消化大量粉煤灰，又能复垦造田，改善矿区生态。

（3）回收工业原料

① 回收煤炭：粉煤灰中含炭量一般在 5%～16% 内。为了降低粉煤灰中的含碳量，充分利用煤炭资源，可以从粉煤灰中回收煤炭。

② 回收金属物质：回收铁金属，粉煤灰中含铁量（以 Fe_2O_3 表示）一般为 4%～20%，最高可达 43%，当 Fe_2O_3 含量大于 5% 时，即有回收价值；提取氧化铝，粉煤灰中含 Al_2O_3 为 17%～35%，一般认为，当 Al_2O_3 含量大于 25% 时才有回收价值。

③ 分选空心微珠：粉煤灰中一般含有 50%～80% 的空心玻璃微珠，其粒径小、空心、质轻、强度高、耐高温、绝缘性能好，是一种多功能的无机材料，主要用作塑料的填料、轻质耐火材料、保温材料，还可作为石化工业的催化剂、填充剂、吸附剂和过滤剂等。

（4）农业利用

① 用作土壤改良剂：粉煤灰具有质轻、疏松多孔等良好的物理化学性能，可用于改造黏质土、酸性土、盐碱土等。

② 用作农业肥料：粉煤灰中含有大量的易溶性硅、钙、镁、磷等农作物生长所需的养分，因此可以制成钙镁磷肥、硅酸钙钾复合肥、硅钙硫等肥料使用。

（5）粉煤灰在环保上的应用

① 生产新型环保材料

粉煤灰中 SiO_2 和 Al_2O_3 的含量较高，同时因其独特的理化性质而被广泛应用于环保产业。利用粉煤灰可以生产聚合氯化铝、硫酸铝、硫酸铁、氯化铁等絮凝剂；用于制备垃圾卫生填埋填料；用于制造人造沸石、分子筛；还可用作吸附剂和过滤介质等。另外，除环保产业外，粉煤灰还可用来生产白炭黑、水玻璃等化工产品，具有广泛的应用前景。图7-2为粉煤灰综合利用的工艺流程。

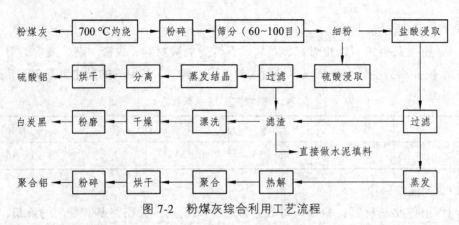

图 7-2 粉煤灰综合利用工艺流程

② 废水、废气处理

粉煤灰吸附性能好，能有效地去除废水中的重金属离子、可溶性有机物等，可用于处理含氟废水、电镀废水、含重金属离子废水以及含油废水等。用粉煤灰处理电镀废水，其对铬等重金属离子的去除率一般可达到 90%以上；用 $FeSO_4$-粉煤灰法处理含铬废水，铬去除率可达 99%以上。此外，粉煤灰还可以处理制药废水、有机废水、造纸废水、印染废水等。

电厂烟气脱硫时，在消石灰中加入粉煤灰，其脱硫效率可提高 5 ~ 7 倍。此外，粉煤灰可用来制备合成沸石，它具有很强的脱硫效果。

（四）铬渣的资源化

1. 铬渣的来源与组成

铬渣是生产重铬酸钠、金属铬过程中排出的废渣，是呈浅黄绿色的粉状固体。它是由铬铁矿、纯碱、白云石、石灰石原料在 1100 ~ 1200 ℃进行高温焙烧，用水浸出重铬酸钠后得到的残渣。一般每生产 1 t 重铬酸钠产生 3 ~ 3.5 t 铬渣。

由于我国生产重铬酸钠的工艺流程基本相同，生产厂排出的铬渣的成分也大致相同。铬渣的化学组成见表 7-3。

表 7-3　铬渣的化学组成

化学组成	Cr_2O_3	六价铬	SiO_2	CaO	MgO	Al_2O_3	Fe_2O_3
含量/%	3 ~ 7	0.3 ~ 2.9	8 ~ 11	29 ~ 36	20 ~ 33	5 ~ 8	7 ~ 11

铬渣中含有大量的六价铬，对环境的危害比较大。因此必须对铬渣进行处理和利用。

2. 铬渣的综合利用

含铬废渣在排放或综合利用之前，应进行解毒处理。解毒的基本原理就是在

· 148 ·

铬渣中加入某种还原剂，在一定的温度和气压条件下，将六价铬还原成毒性较低的三价铬，从而降低铬渣的危害。解毒后的铬渣主要有如下用途：

（1）用作玻璃着色剂

铬渣可替代铬矿粉做绿色玻璃的着色剂。铬渣中的六价铬离子与玻璃原料中的酸性氧化物、二氧化硅作用，转化为三价铬离子而分散在玻璃体中，同时铬渣中的氧化镁、氧化钙等组分可代替玻璃配料中的白云石和石灰石，降低了生产成本。

（2）制钙镁磷肥

将铬渣与磷矿石、白云石、焦炭、蛇纹石等按一定比例加入高炉中，在 1350～1450 ℃ 下进行熔融反应，在 C 和 CO 等还原剂存在的情况下，铬渣铬以 Cr_2O_3 的形式保留在磷肥半成品玻璃体中，成为不溶于水的低毒性物质。水淬后的产物经沥水分离、干燥、球磨粉碎即得钙镁磷肥成品。而部分 Cr_2O_3 则被还原成金属铬或碳化铬进入副产品磷铁中，达到解毒的目的。

铬渣的加入量一般为 10%～15%，磷肥半成品中 P_2O_5 的含量为 13.5%～14.5%。

（3）铬渣炼铁

可用铬渣代替白云石、石灰石作为生铁冶炼过程的熔剂。高炉冶炼产生的水渣可生产矿渣水泥或矿渣硅酸盐水泥。图 7-3 为铬渣生产含铬铸铁并联产水泥和钾肥的工艺流程。

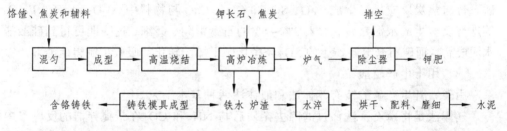

图 7-3　铬渣生产含铬铸铁并联产水泥和钾肥工艺流程

（4）制铸石

铬渣 30%～50%、硅砂 25%～30%、粉煤灰 40%～45% 以及轧钢铁皮 3%～5% 混合粉碎后，于 1450～1550 ℃ 的平炉中熔化，铬渣中的六价铬被还原成三价铬，并与铁形成铬铁矿。然后在 1300 ℃ 下浇铸成型，经结晶、退火后自然降温即可制成铸石。

此外，铬渣还可经烧结固化制砖、轻骨料陶粒和水泥熟料等建筑材料。

（五）磷石膏的资源化

1. 磷石膏的来源及组成

磷石膏是以磷矿石和硫酸为原料生产磷酸或磷肥过程中排出的废渣。另外，烟气脱硫过程中也会产生二水石膏（$CaSO_4 \cdot 2H_2O$）。每生产 1 t 磷酸排出 4~5 t 磷石膏，因此磷石膏的产生量非常大。

磷石膏一般为黄白、浅黄、浅灰或灰黑色细粉状固体，其主要成分为二水石膏，还含有少量磷、硅、铁、铝等的氧化物。

2. 磷石膏的综合利用

磷石膏的资源化利用途径比较多，工业上可以制作石膏板和灰泥粉刷等建筑材料，农业上可作为土壤改良剂和农肥，还可用来生产水泥、硫酸、硫铵等工业产品。

（1）用于生产石膏胶凝材料及建材制品

用磷石膏生产建筑石膏（半水石膏），是目前磷石膏应用中较为成熟的方法。半水石膏可以用来制备墙粉、石膏砂浆、建筑石膏板、石膏砌块以及其他装饰部件等。

磷石膏生产的板材具有建筑性能好、制品轻、经济效益好等特点。

（2）用于生产水泥和硫酸

将脱水磷石膏（83%）与经粉碎的焦炭（5%）、辅助原料（砂岩、砂土、石灰等，12%）混合。混合好的生料制成球，送入回转窑，在 900~1200 ℃ 高温煅烧，磷石膏与焦炭反应最终生成 CaO、SO_2 和 CO_2。CaO 与物料中 Al_2O_3、SiO_2、Fe_2O_3 等进行反应生成水泥熟料，加入 3%~5% 的石膏混匀、磨细、过筛即可得到硅酸盐水泥成品。而磷石膏分解产生的 SO_2 经净化、干燥、转化、吸收可制得硫酸。

（3）用于生产硫酸铵

用磷石膏生产硫酸铵有气体法和液体法两种基本工艺。

气体法是将磷石膏洗涤过滤除去杂质后与 NH_3 和 CO_2 在带搅拌器的反应釜中反应而制取硫酸铵，反应式为

$$CaSO_4 + 2NH_3 + CO_2 + H_2O \Longrightarrow (NH_4)_2SO_4 + CaCO_3 \downarrow$$

将反应后的料浆经转筒真空过滤机过滤，滤饼为碳酸钙，滤液为硫酸铵溶液。硫酸铵溶液经蒸发浓缩和冷却结晶得到硫酸铵晶体。

磷石膏液体法制硫酸铵是先将氨与二氧化碳制成碳酸铵溶液，再将碳酸铵与磷石膏粉料反应而制得硫酸铵（图 7-4）。

此外，磷石膏还可以用于制备硫酸钾、硫脲以及过磷酸钙等化工产品。

（4）用于农业生产

磷石膏中的钙和硫可以作为农作物的营养元素。磷石膏中含少量的磷，可供作物吸收利用。

磷石膏呈酸性，pH 值为 1~4.5，可以代替石膏改良盐碱土，能够降低土壤碱度，改善土壤理化性质，特别是土壤的通透性，并提高土壤的肥力。

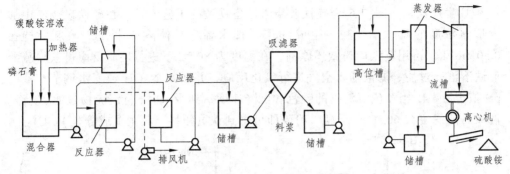

图 7-4　磷石膏液体法制硫酸铵工艺流程

（六）硫铁矿烧渣的资源化

1. 硫铁矿烧渣的来源与组成

硫铁矿烧渣是硫酸生产过程中硫铁矿或含硫尾砂等原料焙烧脱硫后产生的废渣。目前采用硫铁矿或含硫尾砂生产的硫酸占我国硫酸总产量的 80% 以上。

硫铁矿烧渣的组成与硫铁矿的来源有很大关系，不同硫铁矿焙烧生成的矿渣组分不同，其基本成分包括三氧化二铁、四氧化三铁、硅酸盐以及少量的铜、铅、锌、金、银等有色金属。

2. 硫铁矿烧渣的资源化

（1）制矿渣砖：含铁量较低，而硅、铝含量较高的烧渣可代替黏土，掺入适量石灰，制成矿渣砖。图 7-5 为矿渣砖的生产工艺流程。

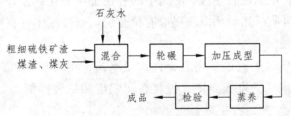

图 7-5　硫铁矿烧渣制砖工艺流程

此法工艺简单，不需焙烧，也不需蒸压或蒸汽养护，因此成本较低。

（2）炼铁

硫铁矿烧渣中铁元素的含量比较丰富，可以作为炼铁用的原料。但烧渣在炼铁前需要进行预处理以提高铁的品位并且降低有害杂质的含量。

（3）生产铁系颜料

利用硫酸与硫铁矿烧渣反应制取硫酸亚铁，再经过一定工艺生产铁系颜料，是硫铁矿烧渣回收利用的有效途径之一。

① 生产铁黄：图 7-6 为硫铁矿烧渣制备铁黄的工艺流程。在硫铁矿烧渣中加入适量浓度的硫酸或盐酸，生成 Fe^{3+}。加水稀释，使溶液中 Fe^{3+} 浓度保持在 0.50 mol/L。再用黄铁矿粉做还原剂，在温度为 80 ℃ 下进行还原反应可获得硫酸亚铁溶液。过滤，滤液通入空气进行氧化反应，并加入 NaOH 或氨水调节溶液的 pH 值至 3～4。当黄色沉淀物的颜色和沉降速度达到要求时，将沉淀物过滤、洗涤。洗涤后的滤饼在 60 ℃ 下干燥、粉碎即可得到铁黄颜料，其主要成分是 Fe_2O_3。

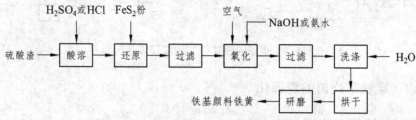

图 7-6　硫铁矿烧渣制备铁黄燃料工艺流程

② 生产铁红：铁黄颜料经 600～700 ℃ 煅烧脱水，即制得铁红颜料。

生产铁系颜料产生的滤液可经蒸发结晶回收硫酸铵，作为农肥使用。

（4）高温氯化法回收有色金属

硫铁矿烧渣中含有铜、锌、铅等有色金属，可以通过一定的方法进行回收。目前工业上综合利用程度较好、工艺较为完善的方法是氯化焙烧法。

氯化焙烧法是利用氯化剂与烧渣在一定温度下加热焙烧，使有色金属转化为氯化物而回收。根据反应温度的高低可分为高温氯化焙烧和中温氯化焙烧，其中高温氯化焙烧优势更明显，应用前景更广阔。

高温氯化法是将硫铁矿烧渣与氯化剂（$CaCl_2$ 等）均匀混合制成球团，经干燥后在 1000～1200 ℃ 下进行焙烧，使其中的有色金属氯化挥发，与氧化铁和脉石分离，氯化物用水吸收，然后用湿法提取有价金属。焙烧球团可直接作为炼铁原料。

（5）生产水泥

经磁选、重选后的硫铁矿烧渣，含铁量不高，可代替铁矿粉作为水泥烧制的助熔剂，能降低水泥的烧成温度，提高水泥强度和抗侵蚀能力。水泥生料中烧渣的掺入量约为 3%～5%。

此外，还可以利用硫铁矿烧渣生产无机铁系絮凝剂（净水剂）以及含砷废水净化剂 FeS 等。

二、矿业固体废物处理与资源化

矿业固体废物是指在矿石开采和选矿过程中产生围岩、废石和尾矿等。其中废石为矿山开采过程中剥离和掘进时产生的无工业价值的矿床围岩和岩石，尾矿为矿石选出精矿后剩余的废渣。

（一）冶金矿山固体废物的资源化

冶金矿山固体废物主要包括废石和尾矿。

1. 矿山废石的资源化

（1）矿山工程：废石可用在铺路、筑尾矿坝、填露天采场、筑挡墙等，每年大概能利用废石总量的 20%~30%。

（2）覆土造田：不具备肥力的废石和尾矿通过采取覆土、掺土、施肥等方法处理，可以种植各种作物。这种方法适用于露天矿的废渣处理。

（3）井下回填：井下采矿后的采空区一般需要回填，以免造成地面塌陷。回填的方法有两种：一是直接回填法；二是将废石提升到地面，进行破碎加工成人造砂石，作为井下胶结充填骨料，与尾矿和水泥拌和后回填采空区。

（4）提取有价金属：冶金矿山废石中含有一些有价金属，可以通过一定的方法提取其中的铜、金等贵重金属。

2. 尾矿的资源化

（1）回收有价组分

目前，从尾矿中回收的有价组分有：从铜尾矿中回收铜、铁、白钨、萤石精矿、硫铁精矿等；从铅锌尾矿中回收铅、锌、金、银、绢云母等；从蛇纹石尾矿中可以提取氧化镁；从锡尾矿中回收锡、铜、硫、砷、铁等。

（2）生产建筑材料

利用尾矿生产建筑材料是尾矿利用量最大的途径，这既可使尾矿得到有效利用，减少土地占用和对环境的危害，又能防止因开发建筑材料而造成对土地的破坏。

①生产水泥：含铁量高的尾矿可代替水泥配方通常使用的铁粉来生产水泥，配用量一般小于 5%；另外，以含方解石、石灰石为主的尾矿可代替黏土和铁粉作为生产水泥的原料。一般尾矿成分中含 SiO_2 和 Fe_2O_3 偏高，而 CaO 偏低，所以需要补充 CaO 含量高的石灰岩等原料。

尾矿生产水泥的工艺与一般水泥生产工艺基本相同，其关键是配料。

②生产矿砖：以石英为主的尾矿可用于生产蒸压硅酸盐矿砖。

③生产玻璃：SiO_2 含量高的尾矿经过适当配料可以满足玻璃的生产要求。目前，利用尾矿可以生产微晶玻璃和黑色玻璃。

④生产加气混凝土

加气混凝土是一种轻质多孔建筑材料，具有多种优良的性能。以尾矿、矿渣和水泥为主要原料，铝粉为发气剂，可溶油为气泡稳定剂，碱液、水玻璃等为调整剂可以生产加气混凝土。其主要工艺流程包括原料的制备、浇注、切割、蒸压养护、拆模等。

⑤生产耐火材料：SiO_2 和 Al_2O_3 含量高的尾矿可用来生产耐火材料。某瓷土矿利用尾矿生产耐火材料的工艺流程如下：尾矿、焦宝石、黏土混合→加水搅拌→成型→烘干→焙烧→耐火材料。其中，尾矿的用量在 15%～30%。

⑥生产陶粒：含 SiO_2 较高的尾矿与磨细的煤矸石以尾矿占比 40%～60%配料混合，加水成球；料球经干燥、焙烧、自然冷却便可制得陶粒，可用作配置轻质混凝土。

（3）生产化工产品

我国川南硫铁矿床尾矿的主要矿物为高岭石，其中含有大量的铁和铝，可以制备铁铝混合净水剂。图 7-7 为黄铁矿利用尾矿生产铁铝混合净水剂的工艺流程。

图 7-7 黄铁矿尾矿生产铁铝混合净水剂的工艺流程

（4）用作充填材料

尾矿充填工艺包括尾矿水力充填和尾矿胶结充填两种。前者是将尾矿浆通过分级脱泥，用管道输送到井下填充作业面，脱水后形成充填体的工艺就是尾矿水力充填；后者是在尾矿水力充填料中加入适量的水泥或其他胶凝材料，以提高填充体的强度，就是尾矿的胶结填充。

（二）煤矸石的资源化

1. 煤矸石的来源与组成

煤矸石是采煤和洗煤过程中排出的矿业固体废物，是一种在成煤过程中与煤伴生的含碳量较低但比煤坚硬的黑色岩石。煤矸石的产量约占原煤产量的 15%～20%，它是我国排放量最大的工业废渣之一。

煤矸石的化学组成比较复杂，主要成分是 SiO_2（40%～65%）和 Al_2O_3（15%～35%）。此外，还含有钙、镁、铁、钛、磷、钾、钠、钒等元素的氧化物。

煤矸石是多种矿物岩石组成的混合物，属于沉积岩的一种。其岩石种类主要有黏土岩类、砂岩类、碳酸岩类以及铝质岩类等。

2. 煤矸石的综合利用

（1）代替燃料：煤矸石中含有一定数量的固定炭和挥发分，可用来代替燃料。

而目前来说，这方面的用途主要是化铁、烧锅炉、烧石灰。

（2）回收煤炭：当煤矸石中含碳量大于 20%时，可加以回收利用，这也是综合利用煤矸石时必须进行的预处理工作。

（3）生产建筑材料

①生产水泥：煤矸石和黏土的化学成分相近可以代替黏土提供硅质和铝质成分烧制普通硅酸盐水泥、特种水泥和无熟料水泥。另外，煤矸石燃烧时也能释放一定热量，可代替部分燃料。

此外，自燃或人工煅烧后的煤矸石可掺入水泥中做活性混合材料，与水泥熟料和石膏按比例配合后磨细即成产品。

②制砖：利用煤矸石制砖包括生产烧结砖和作烧砖内燃料。

煤矸石砖以煤矸石为主要原料，一般占坯料质量的 80%以上，有的全部以煤矸石为原料，有的则掺有少量黏土，基本上不需再外加燃料。

用煤矸石做烧砖内燃料，节能效果明显，只是生产时增加了煤矸石的粉碎环节。

③生产轻骨料：适宜烧制轻骨料的煤矸石主要是碳质页岩和选煤厂排出的选矸，矸石中的含炭量以低于 13%为宜。

④生产岩棉：岩棉是利用煤矸石和石灰石等为原料，经高温熔化、喷吹而成的一种建筑材料，是一种优良的保温、隔热材料。

岩棉生产的原料配比一般为：煤矸石 60%、石灰石 40%或煤矸石 60%、石灰石 30%并加入 6%～10%的萤石和适量的焦炭。

⑤生产微孔吸音砖：用煤矸石生产微孔吸音砖时，首先将各种粉碎后的干料与白云石、半水石膏混合，然后将混合物料与硫酸溶液混合，约 15 s 后，将配置好的泥浆注入模具。泥浆中的白云石和硫酸发生反应产生气泡，使泥浆膨胀并充满模具。之后，将浇注料干燥、焙烧即可制成成品砖。

这种微孔吸音砖的隔热、保温、防潮、防火、防冻、耐腐蚀的性能较好，吸声性能优良，是一种很好的吸声材料。

此外，煤矸石还可用于生产空心砌块、建筑陶瓷、充填材料和筑路材料等。

（4）生产化工产品

煤矸石可用以生产化肥及多种化工产品，如结晶三氯化铝、固体聚合铝、硫酸铵、水玻璃等。

①制结晶三氯化铝和固体聚合铝：结晶三氯化铝是一种新型净水剂，它是以煤矸石和盐酸为主要原料，经破碎、焙烧、磨碎、酸浸、沉淀、浓缩结晶和脱水等工序制成。

将结晶三氯化铝在一定温度下加热，分解析出一定量的氯化氢和水分而变成粉末状的碱式氯化铝。将这些聚合物单体聚合，即可得到溶解性好，混凝效果佳的固体聚合铝。

②制水玻璃：将浓度为 42%的液态烧碱、水和酸浸后的煤矸石（主要含氧化

硅）按一定比例混合制浆进行碱解，再用蒸汽间接加热物料，当达到预定压力 0.2 ~ 0.25 MPa，反应 1 h 后，进入沉降槽沉降，上清液经真空抽滤即可获得水玻璃，而沉渣则经水洗、过滤清除。水玻璃广泛应用于造纸、建筑等行业。

③ 生产硫酸铵：煤矸石内部的硫化铁在高温下氧化成二氧化硫，再经氧化生成三氧化硫，三氧化硫遇水而形成硫酸，并与氨的化合物生成硫酸铵。

④ 制备氢氧化铝、氧化铝。

三、农林固体废物处理与资源化

农林固体废物是指在农林作物收获或加工过程中所产生的秸秆、糠皮、山茅草、灌木枝、枯树叶、木屑、刨花以及食品加工行业排出的残渣等。另外随着农林的发展，畜禽养殖以及其他副产品的数量也不断增加。

农林固体废物主要分为农作物秸秆和畜禽粪便两大类，这两类废弃物的利用方式虽有不同，但也有很多类似的地方。

（一）农作物秸秆的综合利用

目前，农作物秸秆等农林废弃物多作为农家燃料、畜禽饲料、田间堆肥等发挥初级用途，仅少量用于造纸、草编等深加工。据统计，目前我国秸秆的焚烧量达到 $5 \times 10^7 ~ 7 \times 10^7$ t，约占秸秆总量的 10% ~ 15%。这带来了很多环境问题，且不能有效地发挥秸秆的价值。因此，对于秸秆的综合利用就很有必要。

当前，我国对农作物秸秆的综合利用方式主要有还田利用、饲料化利用、能源化利用以及工业应用等。

1. 秸秆还田利用

秸秆还田利用的方法和技术主要有：秸秆直接还田和间接还田。

（1）秸秆直接还田

秸秆直接还田技术主要有机械直接还田、覆盖栽培还田、机械旋耕翻埋还田这三种。

① 机械直接还田：该技术可以分为粉碎还田和整秆还田两类。

采用机械一次作业将田间直立或铺放的秸秆直接粉碎还田，可大幅提高生产效率，并能加速秸秆的降解；整秆还田主要是指小麦、水稻和玉米秸秆的整秆还田机械化，可以将直立的作物秸秆整秆翻埋或平铺为覆盖栽培。

② 覆盖栽培还田：秸秆覆盖栽培具有很多优势。目前在我国北方，玉米和小麦等的覆盖栽培方式已被大面积推广应用。

③ 机械旋耕翻埋还田：利用机械旋耕的方法将秸秆翻埋入土，能起到切割减少秸秆尺寸的作用。如玉米青秆的木质化程度低，秆壁脆嫩，易折断。玉米收获后，用旋耕式手扶拖拉机横竖两边旋耕，即可切成 20 cm 左右长的秸秆并旋耕入土。其养分当季即可利用。

在直接还田方法中，应注意选择合适的秸秆覆盖量，并配合施用氮、磷肥料，还应采取措施减少秸秆还田可能引起的病虫害传播，以达到更好的效果。

（2）间接还田

秸秆间接还田（高温堆肥）是利用夏秋季高温季节，采取好氧或厌氧发酵技术将秸秆沤制成肥。其特点是时间长，受环境影响大，劳动强度高，产出量少，但成本较低廉。

秸秆间接还田主要有以下几种方式：

① 堆沤腐解还田：这是我国目前缓解有机肥短缺状况的主要途径，也是改良土壤，提高肥力的重要措施。它利用快速堆肥剂产生大量纤维素酶，可以在较短的时间内将秸秆中的纤维素分解并进一步堆制成有机肥。当前秸秆的堆沤腐解还田处理大多在高温、厌氧、封闭的条件下，可有效减轻农作物病虫害。

② 烧灰还田：一是作为燃料；二是田间直接焚烧。秸秆焚烧会使有机质和氮素大量损失，保留下来的磷、钾也易流失。因此正被限制和禁止使用，特别是田间直接焚烧。

③ 过腹还田：这是一种高效的秸秆利用方式，秸秆经过青贮、氨化、微贮处理制成饲料，用以喂养畜禽。比如秸秆氨化养羊，蔬菜、藤蔓类秸秆微贮，羊粪、猪粪经发酵后可以直接还田或喂鱼。

④ 菇渣还田：利用农作物秸秆培育食用菌，然后利用培养食用菌后的菇渣进行还田。菇渣中有机质的含量较高，可以有效增加土壤肥力，提高作物产量。

⑤ 沼渣还田：秸秆发酵后产生的沼渣、沼液是优质的有机肥料，其有机质含量高，养分丰富，是生产无公害和有机食品的好肥料。

2. 秸秆饲料化利用

目前用作饲料的秸秆只占很少的一部分。由于秸秆质地坚硬、粗糙、动物咀嚼困难，适口性和营养性都很差。特别是麦秸和稻草的纤维素含量高，而蛋白质、可溶性糖含量很低，营养价值和可消化性都较低，直接用作饲料往往效果一般。因此需要对秸秆进一步加工处理，以提高其营养价值和利用率。

秸秆饲料化加工的方法一般可分为物理处理、化学处理和生物处理，而根据加工深度，又可分为简单加工和微生物处理两类。

（1）物理处理

物理处理是通过改变秸秆长度和硬度等物理性质，增加与消化微生物的接触，从而提高其消化利用率，同时也更有利于牲畜咀嚼，提高采食量。常用的物理处理方法包括切断、粉碎、热喷、辐射、膨化、蒸煮、蒸汽爆破、超声波处理等。物理处理相对简单，一般不能增加饲料的营养价值，故常作为其他加工方法的前处理。

（2）化学处理

这种处理方法是利用化学制剂作用于作物秸秆，以利于微生物对纤维素类物质的分解，从而提高秸秆的消化率和营养价值。化学处理可分为碱化处理、氨化处理和氧化还原处理。目前在生产中广泛应用的是氨化处理，而 $Ca(OH)_2$ 加尿素的碱化-氨化复合处理因成本低、效果好、操作简单等特点逐步在生产中推广应用。

（3）生物处理

秸秆饲料化的生物处理主要包括青贮技术和微生物处理（微贮技术）。

① 青贮技术

青贮是生物处理中应用最广泛、操作最简单的方法。它是指对刚收获的青绿秸秆进行保鲜贮藏加工，将新鲜秸秆紧实地堆积在不透气的容器中，通过以乳酸菌为主的微生物的厌氧发酵作用，使原料中的糖分转化为以乳酸为主的有机酸；当乳酸在青贮原料中积累到一定程度时，便可抑制其他微生物的活动，将原料中的养分很好地保存；而当青贮原料温度上升到 50 ℃时，乳酸菌停止活动，发酵结束。

青贮容器可采用青贮塔、青贮窖和塑料袋这三种形式。养殖量小的农户可采用塑料袋青贮，养殖量大的则常用青贮窖青贮。

氨化处理可以和青贮技术联合使用。其基本工艺流程为：粉碎→氨化→青贮→热喷→揉搓→压饼。青贮饲料青绿多汁、质地柔软、适口性好，蛋白质、氨基酸、维生素的含量较高，且能长期保存，是一种优良的饲料。

② 微生物处理（微贮技术）

秸秆微贮技术是对农作物秸秆进行机械加工处理后，按比例加入微生物发酵菌剂、辅料及补充水分，并置入水泥池、土窖等密闭设施中，利用微生物将纤维素、半纤维素分解并转化为淀粉、粗蛋白、氨基酸、糖类等营养成分，生产出质地柔软、湿润膨胀、营养价值高的饲料的过程。

微贮技术秸秆饲料化利用的发展趋势。微贮饲料具有生产成本低、消化率高、适口性好、秸秆来源广泛、制作不受季节限制等优点，是秸秆饲料的发展趋势之一。

此外，还可以采用微贮技术制备秸秆菌体蛋白生物饲料，这是近年发展起来的一项新技术。它以农作物秸秆、杂草、树叶等为主要原料，经过秸秆生化饲料发酵剂的生物化学作用，使秸秆转化为富含游离氨基酸、粗蛋白、脂肪和多种维生素的高效秸秆材料。这种生物饲料具有成本低、适用范围广、营养价值高的优点，应用前景广阔。

3. 秸秆能源技术

农作物秸秆直接燃烧，仍然是当前农村重要的能源来源。然而这种方式不仅利用率低，而且污染环境。目前主要的秸秆能源化利用技术除秸秆直接燃烧供热技术外，还有秸秆气化集中供气技术、秸秆沼气化技术、秸秆压块成型及炭化技术等。

秸秆气化集中供气技术基本工艺流程如 7-8 所示。将秸秆适当粉碎后，由螺旋给料机（或人工加料）从顶部送入固定床气化炉或循环流化床气化炉，在气化炉中经热解、气化和还原反应，转化为可燃气体；生成的粗煤气通过净化器内的两级除尘器除尘，一级管式冷却器降湿、除去焦油，再经厢式过滤器进一步除去焦油、灰尘；然后由罗茨风机加压送至贮气柜和输配气系统供用户使用。

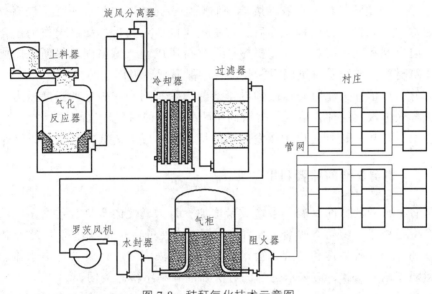

图 7-8　秸秆气化技术示意图

4. 农林废弃物的工业应用

（1）农林废弃物生产可降解的包装材料

可用来生产一次性餐具、可降解型包装材料等。

（2）农林废弃物生产化工原料

秸秆用作化工原料已比较普遍，如小麦秸秆制取糖醛、纤维素，稻壳酿烧酒，玉米秆制造淀粉等。

在隔绝空气的条件下，将农林废弃物加热到 270 ~ 400 ℃，可分解形成草炭等固体产物，糠醛、乙酸、焦油等液体产物，以及草煤气等气体产物，这些都是重要的燃料与化工原料。

在碱性溶液中，农林废弃物中的木质素发生溶解，然后通过一定的工艺流程可分别分离出淀粉、纤维素、蛋白质及其衍生物。而在酸性溶液中，农林废弃物水解后可得到葡萄糖、半乳糖、木糖、糠醛、乙酸等化工原料。

利用微生物或酶制剂的作用分解农作物秸秆等，可以生产酒精、饴糖和生物蛋白等化工原料。

农林废弃物经燃烧后的炉灰经过适当的处理后可生产活性炭、水玻璃、硫酸钾、氯化钾、碳酸钾等化工原料。

（3）农林废弃物生产建筑材料

①生产轻质保温内燃砖：在生产黏土烧结砖的原料中，加入一定量的农林废弃物碎屑。烧砖时，这些碎屑发生内燃，原占体积遗留为孔隙，不仅可以节省原料和燃料，还能降低烧结砖密度，提高保温隔热性能。

②生产轻质建筑板材：农林废弃物质轻、多孔、抗拉与抗压强度较高，是优良的建材生产原料。将秸秆粉碎后，按一定比例加入轻粉、膨润土作为黏合剂，再加入阻燃剂和其他配料，经过机械搅拌、挤压成型、恒温固化等便可制成各种轻质建筑材料，如轻质建筑墙板、装饰板、保温板、吸声板等。

此外，以秸秆为原料，以改性异氰酸酯为胶黏剂，在一定的温度压力下可压制成秸秆人造板。这种人造板不含游离甲醛，是一种绿色环保板材。

③其他应用：秸秆还可用作食用菌的培养基，用于造纸，制造人造丝等。

（二）畜禽粪便的综合利用

随着畜禽养殖业的发展，畜禽数量增加，畜禽粪便的产量日益增多，而且也附带产生各种伴生物和添加剂。目前我国畜禽粪便的产生量已达每年 25 亿吨。畜禽粪便如不经妥善处理和处置，会产生臭气、污染大气，而且会污染水体、土壤并传播病原菌。因此，应采取适当的方法处理和利用畜禽粪便。

畜禽粪便包含氮、磷、钾等多种营养成分，还含有 75% 的挥发性有机物，其中蛋白质的含量为 15% ~ 24%。目前畜禽粪便的综合利用技术主要有饲料化利用、肥料化利用和能源化利用这三种。

1. 饲料化技术

畜禽粪便含有丰富的营养成分，适合反刍动物食用。畜禽粪便经适当处理可杀死病原菌，改善适口性，并可提高蛋白质的消化率。

目前畜禽粪便饲料化的方法主要有以下几种：

（1）用新鲜粪便直接做饲料：主要适用于鸡粪。鸡粪中粗蛋白（达 28% 左右）和氨基酸含量较高，并含有丰富的微量元素和营养因子。因此，可利用鸡粪代替部分精料来喂猪、养牛。这种方法简单适用，但应注意去除鸡粪中的病原菌、寄生虫、吲哚、脂类等物质。

（2）青贮：畜禽粪便中碳水化合物的含量低，不宜单独青贮。一般是将鸡粪与一些禾本科青饲料混合，利用乳酸菌等微生物的作用进行厌氧发酵，生成含有乳酸、醋酸等物质的青贮饲料。这是鸡粪加工工艺中较为安全可靠的一种方法。

（3）干燥法：为了防止畜禽粪便中有机物的分解，以保持其营养价值，常采取一定的干燥方法降低畜禽粪便的含水率（10%左右），这同时能达到除臭、灭菌的效果。干燥法处理粪便的效率最高。

（4）分解法：分解法是利用优良品种的蝇蛆、蚯蚓和蜗牛等低等动物分解畜禽粪便，达到既提供动物蛋白又能处理畜禽粪便的目的。由于前期畜禽粪便灭菌、脱水处理和后期回收低等动物的难度较大，限制了此项技术的推广应用。

（5）发酵法：发酵法是指利用微生物的作用，将畜禽粪便中的氮素转化为菌体蛋白，同时分解复杂化合物的过程。发酵法比干燥法节省燃料和成本，还可杀灭病原菌和寄生虫，加工过程中不会散发臭气，是比较简单而有效的饲料化方法。

2. 肥料化技术

畜禽粪便含有大量的有机物及丰富的氮、磷、钾等营养物质，可以通过适当的处理方法制成有机肥料。过去，农民一直将它作为提高土壤肥力的主要来源。目前畜禽粪便肥料化的主要方法是堆肥法。堆肥时，把收集到的粪便掺入高效发酵微生物如 EM 菌剂，调节发酵原料的碳氮比，控制适当的水分、温度、通风供氧、pH 等条件进行发酵。这种方法处理粪便的优点是产物臭气产生少，比较干燥，容易包装，并且有利于农作物的生长发育。

3. 能源化技术

对于目前的集约化养殖场，很多是水冲式清除畜禽粪便的，粪便的含水率比较高。对这种高浓度的有机废水，目前常采用厌氧消化法，通过微生物的厌氧消化作用产生沼气。沼气经净化、脱臭处理后可用于农村能源。

4. 综合利用技术

目前畜禽粪便处理的趋势是对粪便进行综合处理和利用。

例如，可以先对畜禽粪便进行固液分离，把分离出的固体进行堆肥、生产蚯蚓或饲料，然后液体用厌氧发酵法处理。发酵后的沼渣用来堆肥，沼气用来照明或采暖，最后把剩余的液体再用好氧法进一步处理。这样通过固液分离技术、厌氧技术、好氧技术的综合应用，提高了畜禽粪便处理的效果和综合利用率。

四、城市生活垃圾处理与资源化

城市垃圾又称城市固体废物，它是指城市居民日常生活或为城市日常生活提供服务的活动中产生的固体废物。城市垃圾主要来自居民生活与消费、城市商业活动、餐饮业、旅馆业、旅游业、服务业、市政环卫、交通运输、污水处理厂、垃圾处理厂等。

（一）建筑垃圾的资源化

建筑垃圾是指建设、施工单位或个人对各类建筑物、构筑物等进行建设、拆迁、修缮及居民装饰房屋过程中所产生的余泥、余渣、泥浆及其他废弃物。目前，我国建筑垃圾的数量已占到城市垃圾总量的 30%～40%。如何更好地处理、处置和利用建筑垃圾成为我们面临的一个重要课题。

1. 建筑垃圾的来源与组成

建筑垃圾按来源分类可以分为土地开挖、道路开挖、旧建筑物拆除、建筑施工以及建材生产产生的垃圾等。建筑施工垃圾和旧建筑物拆除垃圾的组成成分相差较大。建筑施工垃圾主要是建筑工地产生的剩余混凝土、砂浆、碎砖瓦、陶瓷边角料、废木材、废纸等。不同结构类型建筑物所产生的建筑施工垃圾的组成有所不同。一般混凝土与砂浆占 40%～50%，碎砖瓦、陶瓷占 30%～40%，其余占 5%～10%。

旧建筑物拆除垃圾的组成与建筑物的种类有关。废弃的旧民居建筑中，砖块、瓦砾约占 80%，其余为木料、碎玻璃、石灰、黏土渣等；而废弃的旧工业、楼宇建筑中，混凝土块所占比例较大。总体来看，混凝土与砂浆占 30%～40%，砖瓦占 35%～45%，陶瓷和玻璃占 5%～8%，其他 10%左右。

2. 建筑垃圾的资源化途径

目前我国每年产生的建筑垃圾超过 15 亿吨，而其资源化率不到 5%，远远达不到发达国家 90%以上的资源化率。我国目前建筑垃圾的资源化利用途径比较低级，主要是用作路基垫层、回填、堆山造景等，中高级的利用方式还不是很多。就国内外的情况而言，建筑垃圾的资源化利用途径主要如表 7-4 所示。

表 7-4　建筑垃圾资源化利用途径

建筑垃圾成分	资源化利用途径
开挖泥土	堆山造景、回填、绿化
碎砖瓦	混凝土砌块、再生轻骨料混凝土、生产免烧砖、生产水泥、墙体材料、路基垫层
混凝土块	再生混凝土骨料、路基垫层、碎石桩、砌块、行道砖、再生水泥
砂浆	砌块、填料
钢材	再次使用、回炉炼钢

建筑垃圾成分	资源化利用途径
木材、纸板	复合板材、焚烧发电、堆肥、黏土-木料-水泥复合材料
塑料	焚烧、热解、填埋、粉碎
沥青	再生沥青混凝土
玻璃	高温熔化再生、路基垫层
建筑垃圾微粉	生产硅酸盐砌块、生活垃圾填埋场的日覆盖材料
其他	填埋

（二）废纸的再生利用

1. 废纸的来源及分类

我国是造纸大国，同时造纸资源特别是森林资源比较缺乏。利用废纸作为原料造纸，1 t 废纸可生产约 0.8 t 再生浆，相当于节约 3～4 m³ 木材、1.2 t 煤、约 600 kW·h 电以及 100 t 水，因此具有很好的经济效益和环境效益。

废纸的来源和种类繁多，因而废纸的质量差别较大。各种废纸的回收利用途径不同。因此在对废纸进行再生利用时，要分别回收和处理。

根据常见用途可以将废纸分为混合废纸、商业废纸、旧报纸、旧瓦楞箱纸板等。各种废纸的用途如表 7-5 所示。

表 7-5　废纸分类及最终产品加工方法

废纸分类	制浆方法	成浆特点	最终用途
混合生活废纸	基本的碎浆和筛选	粗糙、中等洁净	瓦楞原纸
商业废纸	按纸种选择	优质制浆取决于原料制浆	印刷和书写纸，特种包装纸板
旧报纸	碎浆、筛选、脱墨、漂白	洁净、中等白度	新闻纸和低档印刷纸
旧瓦楞箱纸板	碎浆和筛选	高强度、本色	瓦楞原纸和箱纸板
全化浆废纸	充分加工和漂白	强度、白度和洁净度均较高	高档纸

2. 废纸的再生加工

从废纸制得白色纸浆的再生加工，需要除去废纸中的印刷油墨和其他填料、涂料、化学药品以及细小纤维等杂质。废纸的再生加工主要包括废纸碎解、筛选、除渣、洗涤和浓缩、分散和揉搓、浮选、漂白、脱墨等几个阶段。

（1）碎浆

这是废纸制浆流程的第一步。目的是在最大限度地保持废纸中纤维原强度的条件下将废纸纤维解离。

碎浆设备主要由水力碎浆机和圆筒疏解机。水力碎浆机是国内外常用的碎浆设备。将废纸原料投入碎浆机，在高速旋转叶片和水力剪切作用下，废纸被碎解成粗浆。粗浆从旋转叶片底部的筛孔流入下一道工序，而纸浆中的打包铁丝、塑料片等杂质被裹在绞索上，随绞索缓缓向上移动，然后在碎浆机外被切断；其他轻重杂质则从底板开孔进入废物井，由废料捕集器排出。

（2）筛选

筛选是为了将大于纤维的杂质如薄片、塑料、胶黏物质、尘埃颗粒等除去，是二次纤维生产过程中的关键步骤。

废纸处理过程可以根据需要，选择几种设备进行合理组合。图 7-9 是典型的西欧纸厂的设备流程。

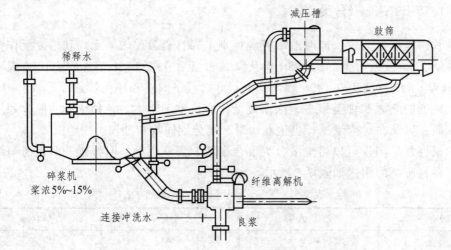

图 7-9　碎浆机、鼓筛、纤维离解机的组合使用

（3）除渣

利用杂质与纸浆密度的不同，将纸浆中的砂石、金属、玻璃片、塑料等杂质除去。常用的除渣器一般包括正向除渣器、逆向除渣器和通流式除渣器。

（4）洗涤和浓缩

洗涤是为了去除灰分、细小的油墨颗粒以及细小纤维。根据洗浆浓缩范围可以将洗涤设备大致分为三类：① 低浓洗浆机，如斜筛、圆网浓缩机等，出浆浓度最高为 8%；② 中浓洗浆机，如斜螺旋洗浆机、真空过滤机等，出浆浓度为 8%～15%；③ 高浓洗浆机，如螺旋挤浆机、双网洗浆机等，出浆浓度＞15%。

洗涤系统常采用多段逆流洗涤方式。采用洗涤法可获得质量较好的纸浆，灰分的去除率可达 95%，同时可除去细小的油墨颗粒。

（5）分散和搓揉

这是用机械方法使油墨和废纸分离或分离后将油墨和其他杂质进一步碎解，

并使其均匀分布于纸浆中，从而改善纸品外观质量的一道工序。常用的机械设备是分散机和揉搓机。

（6）浮选

浮选是为了脱除细小的油墨颗粒。它是利用印刷油墨和纤维表面润湿性的差异，加入浮选药剂，使油墨颗粒表面疏水，向纸浆内充气产生气泡，油墨颗粒黏附于气泡上浮，而亲水性的纤维则留存于纸浆中，从而把油墨颗粒从纸浆中分离。

（7）漂白

经除杂、浮选、洗涤等工序去除油墨后的纸浆，色泽偏黄、偏暗，通常需要进行漂白才能生产出合格的再生纸。

漂白的方法有氧化漂白和还原漂白。氧化漂白主要是氧化降解并脱除浆料中的残留木质素以提高白度，所用漂白剂有二氧化氯、次氯酸盐、过氧化氢、臭氧和氧气等。还原性漂白主要是脱色，即通过减少纤维本身的发色基团而提高白度，所用漂白剂有连二亚硫酸钠、亚硫酸钠和二氧化硫脲等。目前来说，使用氧气漂白和高温过氧化氢漂白的比较多。

（8）脱墨

脱墨方法有水洗和浮选这两种。水洗方法所用的脱墨药剂主要是 $NaOH$、Na_2CO_3 等碱性清洗剂，再添加适量的漂白剂、分散剂及其他药剂；浮选时的操作条件为：pH 为 8~9，纸浆浓度为 1%。捕收剂一般采用脂肪酸，常用的是油酸，也有用硬脂酸和煤油等捕收剂的。

3. 废纸的其他应用

除了再生利用外，废纸也可用于生产土木建筑材料、用于农牧业生产和园艺以及用于制作模制产品等。

（1）用于生产土木建筑材料

废纸的纤维材料可以与胶黏剂混合，制作多种土木建材。如将废纸打散，与树脂混合可以制作房顶绝热覆盖物；将纸板与石膏混合可以制成石膏板，以代替砖或中密度纤维板，用于建筑物隔墙和天花板等；此外，废纸还可以制作沥青瓦楞板、灰泥材料和隔热材料等。

（2）用于园艺及改善农牧业生产

废纸可以改善土壤土质并用以加工牛羊饲料。如美国亚拉巴马州的部分牧场采用碎废纸屑加鸡粪与原土壤混合来改善牧场的土质。混合比例为碎纸 40%、鸡粪 10%、原土壤 50%。

（3）用于制作模制产品

利用 100% 废纸制作蛋托及新鲜水果的托盘；用白废纸制成小盘供食品包装时垫托；用废纸制作电器零件保护品等。

（三）废塑料的资源化

塑料作为三大合成材料之一，具有质量轻、强度高、耐磨性好、化学稳定性好、抗腐蚀性强、绝缘性能好、经济实惠等优点，因此广泛应用于生产、生活中。

1. 废塑料的来源和分类

塑料制品种类繁多，用途广泛，但废塑料的主要来源为农业生产、商业部门、家庭生活三个方面。如农用地膜和棚膜、编织袋，百货商店等用包装袋、打捆绳，一次性塑料制品如饮料瓶，非一次性用品如塑料鞋、灯具、文具等。

此外，工业生产、渔业、环卫、教育等部门也会产生一些废塑料。

根据受热后的基本现象可将塑料分为热塑性塑料和热固性塑料。

2. 废塑料的资源化

（1）直接再生处理：废旧塑料直接塑化、破碎后塑化、经过相应前处理破碎塑化后，进行成型加工，从而制造再生塑料制品的方法。

直接再生处理利用主要包括直接成型加工技术和熔融再生技术。

（2）废塑料的改性处理：再生塑料的性能相比新树脂一般都要降低。为使再生塑料满足制品的质量要求，应当采取各种改性方法，改善废旧塑料的力学性能。对废旧塑料的改性方法目前来说主要有两种：一是物理改性法或机械共混改性，即采用混炼工艺制备多元组分的共混物和复合材料；二是化学改性法，主要采用交联改枝、接枝共聚改性或氯化改性等技术。

物理改性法目前应用得较多，如采用活化的无机填料进行填充改性，用弹性体进行的增韧改性，用纤维进行的增强改性等。

（3）废塑料生产建筑材料

利用废塑料生产建筑材料是废塑料资源化的一个重要途径。这方面的应用主要有：① 生产塑料地板和包装材料；② 生产塑料砖；③ 生产涂料；④ 生产胶黏剂；⑤ 生产塑料油膏。

（4）废塑料热解油化技术

废塑料的热解油化技术是指通过加热或加入一定的催化剂使大分子的塑料聚合物发生分子链断裂，生成分子量较小的混合烃，经蒸馏分离后，可获得燃料气、汽油、柴油、地蜡和焦炭等石油类产品加以利用。可以说，废塑料热解油化是石化工业制造塑料产品的逆过程。该法主要应用于聚烯烃类塑料。

（5）废塑料焚烧回收能量

废塑料焚烧有两种方式：一是直接焚烧技术；二是制备垃圾衍生燃料 RDF。

① 直接焚烧技术：废塑料的热值与燃油相当，是垃圾焚烧炉的重要热能来源。

但焚烧含氯塑料可能会产生二噁英等有毒有害物质，因此应谨慎使用。此外，废塑料也可用于高炉喷吹代替煤、油和焦炭，用于水泥回转窑代煤等。

②制备垃圾衍生燃料 RDF：RDF 是以废塑料为主，加入其他可燃垃圾制成的燃料。它具有热值高、燃烧稳定、易于运输、易于储存、二次污染低和二噁英类物质排放量低等特点，可用于烧制水泥和燃料发电。制备 RDF 时，应去除垃圾中的金属、玻璃、陶瓷等不燃物以及其他危险物质。

（四）废橡胶的资源化

1. 废橡胶的种类及来源

废橡胶是仅次于废塑料的一类高分子污染物。废橡胶可以分为天然橡胶和合成橡胶。其中合成橡胶又可根据其成分与结构划分为丁苯胶、顺丁胶、氯丁胶、丁基胶、丁腈胶、硅橡胶、氟橡胶等。

废橡胶制品主要来源于废轮胎、胶管、胶带、胶鞋以及工业杂品类（如垫板等），其次还来自橡胶工厂生产过程中产生的边角料及废品。

2. 废橡胶的资源化

（1）整体利用或翻新再用

废轮胎可直接用于船舶的防护物、防波堤、漂浮信号灯、公路防护栏、游乐场工具，也可用于建筑消音隔板等。废轮胎经分解剪切后可以制作室内地板、鞋底、垫圈，也可切削制成填充地面的底层或表层的物料。

轮胎翻新再用是指用打磨方法除去旧轮胎的胎面胶，然后经局部修补、加工、贴覆胎面胶、硫化处理，恢复其使用价值的一种处理方法。这可以延长轮胎的使用寿命。

（2）热利用

① 热解

可以热解的废橡胶主要是指天然橡胶生产的废轮胎、工业部门的废皮带和废胶管等。废轮胎的热解温度一般为 $250 \sim 500\ ℃$。

热解产品的组成与热解温度有关。当温度增加时，气体和炭黑含量增加，而油品则逐渐减少。

典型废轮胎的热解工艺为：轮胎破碎→分选→干燥预热→橡胶热解→油气冷凝→热量回收→废气净化。

② 焚烧

废轮胎可作为水泥回转窑的燃料，也可用于燃烧发电或金属冶炼厂。废轮胎用作水泥燃料是利用废轮胎中的橡胶和炭黑燃烧产生的热来烧制水泥，同时利用废轮胎中的硫和铁作为水泥需要的组分。燃烧过程中，废轮胎中的硫元素氧化为 SO_3 并与石灰结合生成 $CaSO_4$；而金属丝则被氧化成 Fe_2O_3 后与水泥中的 CaO、Al_2O_3 反应转化为水泥的组分。

（3）生产胶粉

胶粉是将废橡胶通过机械粉碎后得到的一种粒度极小的粉末状物质。

胶粉的应用范围比较广，既可应用于橡胶工业，直接成型或与新橡胶混用制成产品；也可用于非橡胶工业，如用于地板、跑道和路面的铺设材料，以及橡胶块、橡胶管、橡胶板、橡胶带、胶鞋和屋面材料等。

胶粉的改性是利用化学、物理等方法将胶粉表面改性，改性后的胶粉能与生胶或其他高分子材料较好地混合。在橡胶制品中加入改性后的活性胶粉，不仅可以扩大橡胶原料的来源，还可以提高橡胶制品的耐疲劳性，改善胶料的工艺加工性能。

（4）制造再生胶

再生胶是指废橡胶经过粉碎、加热、机械处理等物理化学过程，使其弹性状态变成具有塑形和黏性的，能够再次硫化的橡胶。

再生胶具有以下优点：塑性好，能与生胶和配合剂混合，节省工时，降低能耗；收缩性好；流动性好，易于制作模型制品；耐老化性好，可改善橡胶制品的耐自然老化性能；具有良好的耐热、耐腐蚀、耐油性；硫化速度快，耐焦烧性好。因此，生产再生胶是废旧橡胶利用的主要方向。

（五）废电池的资源化

我国是电池生产和消费大国，生产的电池种类很多，主要有锌-二氧化锰酸性电池、锌-二氧化锰碱性电池、铅酸蓄电池、镍镉电池、氧化银电池、氧化汞电池、锌-空气纽扣电池、锂电池、镍氢电池、碳性电池等。每种电池的型号和组成各不相同。电池中含有大量的有害成分，如未经妥善处置进入环境，会对环境和人体健康产生威胁。同时，电池中还含有很多可以利用的金属。因此，对电池进行回收利用具有很重要的意义。

1. 废干电池的综合处理技术

废干电池的综合利用技术主要有湿法冶金和火法冶金两种方法。

（1）湿法冶金

湿法冶金的工作原理是使锌-二氧化锰干电池中的锌、二氧化锰与酸作用生成可溶性盐而进入溶液，溶液经过净化处理后用电解法把金属锌和二氧化锰回收出来。其回收物可用于生产化工产品（如立德粉、氧化锌）、化肥等。湿法冶金主要包括焙烧-浸出法和直接浸出法两种。

（2）火法冶金

火法冶金是在高温下使废电池中的金属及其氧化物氧化、还原、分解、挥发和冷凝的过程，包括传统常压冶金法和真空冶金法。

2. 废铅酸蓄电池的综合处理技术

废铅蓄电池的回收利用主要以废铅的再生利用为主。一般先排干蓄电池中的硫酸，然后进行压碎处理，将压碎的蓄电池送入高温炉中，烧掉有机物并使残留硫酸蒸发，之后再对分离出的铅、塑料壳体和废酸分别进行处理和回收利用。

（1）铅的回收利用

①火法冶金工艺：板栅铅合金可经过熔化直接铸成合金铅锭，再按要求制作蓄电池用的合金板栅。

②湿法冶金工艺：采用湿法冶炼工艺，可使用铅泥、铅尘等为原料生产含铅化工产品和其他加工行业的材料。这种方法工艺简单，操作方便，没有环境污染，并且可取得较好的经济效益。该工艺铅的回收率可以达到95%以上。

③固相电解还原工艺：这是一种新型炼铅工艺方法。其工作机理是把各种铅的化合物放置在阴极上进行电解，正离子型铅离子被还原成金属铅。该工艺采用的设备是立式电极电解装置，铅的回收率也可达到95%以上。

（2）废酸的集中处理

废铅蓄电池中的废酸一般进行集中处理。它有多种用途：废酸经提纯、浓度调整等处理，可以作为生产蓄电池的原料；废酸经蒸馏后浓度提高，可供铁丝厂除锈用；可以供纺织厂中和含碱废水使用；还可利用废酸生产硫酸铜等化工产品。

（3）塑料壳体的回用

塑料壳体一般属于热塑性材料，可以重复使用。比较完整的隔板和壳体经清洗后可继续利用；损坏的隔板和壳体经破碎后可冲洗加工成新的隔板和壳体，也可加工成其他塑料制品。

3. 废镍镉电池的综合处理技术

（1）火法回收：利用镉易挥发的性质，将镉和镍分别回收利用。

火法处理镍镉电池的工艺流程为：废镍镉电池→破碎、洗涤→低温焙烧→煅烧（分离出镉）→镍铁。由于电池中的镉、镍多以氢氧化物的状态存在，加热变成氧化物，故利用火法回收时，要加入碳粉作为还原剂。

（2）湿法：湿法工艺大多数都采取硫酸浸出，少数采取氨水浸出，此外也有采用有机溶剂浸出的。采用硫酸浸出，成本虽然低，但大量的铁参加反应，浸出剂消耗量大，较难以回收，且二次污染严重；而采用氨水浸出，铁不参加反应，浸出剂易于回收，且无二次污染。在镉和镍的分离阶段，可以采取电解沉淀、萃取、置换和沉淀析出等方式。

（3）火法-湿法联合技术：火法-湿法联合技术的工艺流程比较长，但汞蒸气对环境的污染问题可以得到根本解决。图 7-10 为废镍镉电池的火法-湿法联合处理技术工艺流程。

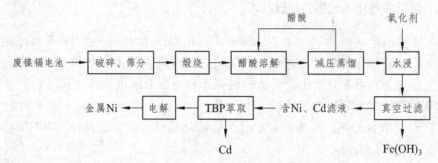

图 7-10　废镍镉电池火法-湿法联合处理工艺流程

4. 混合废电池的综合处理技术

混合废电池就是没有经过分拣预处理的废电池。目前对于混合废电池一般采用模块化处理方式。首先对所有电池进行破碎、筛分等预处理，然后按类别进行分选。混合电池常用处理方法也有火法、湿法或火法与湿法结合。

混合废电池中的五种主要金属（汞、镉、锌、镍、铁）具有明显不同的熔点和沸点，因此可以通过将废电池准确地加热到一定的温度，使所需分离的金属蒸发气化，并对其进行冷却回收。而沸点较高的金属则在高温下使其处于熔融状态进行回收。

由于汞和镉的沸点较低，所以一般先通过火法进行回收，然后通过湿法冶金回收其他金属。沸点较高的镍和铁则作为镍铁合金回收。

瑞士 Recytec 公司采用火法、湿法结合工艺回收混合废电池中的各种金属。其工艺流程如图 7-11 所示。

首先，将混合废电池在 600～650 ℃ 的负压条件下进行热处理，热处理产生的废气经过冷凝将其中大部分组分转化为冷凝液。冷凝液经过离心分离分成三部分：含有氯化铵的废水、液态有机废物和废油、汞和镉。废水用铝粉进行置换沉淀去除其中含有的微量汞后进入其他处理程序或通过蒸发进行回收。废气从冷凝装置中出来后通过水洗并进行二次燃烧以去除其中的有机成分，然后通过活性炭吸附，最后排入大气，洗涤废水同样经过置换沉淀去除所含微量汞后排放。

热处理剩下的固体物质首先要进行破碎，然后在室温至 50 ℃ 的温度范围内水洗，使氧化锰在水中形成悬浮物，同时溶解锂盐、钠盐和钾盐。清洗水经过沉淀去除氧化锰（其中含微量的锌、石墨和铁），然后经蒸发、部分结晶回收碱金属盐。废水进入其他过程处理，剩余固体通过磁处理回收铁和镍。最终的剩余固体富含锌、铜、镉、镍以及银等贵金属，还有微量的铁。剩余固体利用氟硼酸进行电解沉积。不同的金属用不同的电解沉积方法回收，各有其运行参数。氟硼酸在整个处理系统中循环使用，而沉渣则用电化学处理以去除其中的氧化锰。整个过程没有二次废物产生，水和酸闭路循环，废电池中95%的组分得以回收利用。

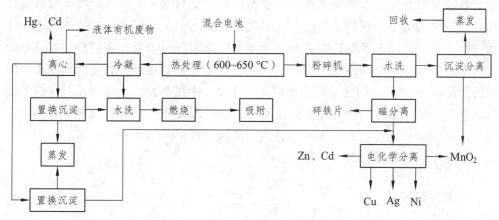

图 7-11 Recytec 公司混合废电池火法-湿法综合处理工艺流程

任务七 粉煤灰的处理和综合利用

❖ 任务描述 ❖

现有某燃煤电厂，其在发电过程中产生了大量的锅炉渣和粉煤灰等灰渣。假设你是该厂的技术人员，请设计出合理的方案来处理这些灰渣，并对这些灰渣进行资源化利用。

❖ 实施方法 ❖

1. 粉煤灰的成分分析

欲利用粉煤灰，我们首先需要了解粉煤灰的主要成分及其物理化学性质，因此，就需要进行成分分析。需进行相应的检测，也可查阅相关资料以参考。

2. 资料收集和现场调查

目的是了解类似电厂粉煤灰的处理方法和技术，同时对该燃煤电厂周边的情况进行了解，以确定哪些处理和利用途径比较可行。

3. 方案制订和确定

粉煤灰的综合利用途径很多，包括生产建筑材料、筑路、回填，以及用作农业肥料和土壤改良剂，回收工业原料和制作环保材料等。其中生产建筑材料是目前我国粉煤灰的主要利用途径之一。因此，在实际中会面临多种方案的比选。这就需要综合考虑以下因素：① 处理的成本和收益如何；② 技术可行性，即这种处理技术是否成熟、是否容易操作等；③ 市场因素，即该地区是否需要粉煤灰资源化的产品；④ 交通，即粉煤灰的运输是否方便，距离如何，附近有无对应的处理厂；⑤ 是否需要新建处理设施，还是利用已有处理设施；⑥ 传统处理方法的可行性等。总之，凡是影响到粉煤灰综合利用的因素都要考虑。最后，综合分析，从几套方案中确定最终方案。

4. 方案的实施

按照粉煤灰综合利用方案，准备好人力、设备、资金等，处理电厂产生的粉煤灰。

5. 实施效果评价和反馈

根据实际生产效果，对粉煤灰综合利用方案进行修改和完善。

任务八 餐厨垃圾的处理和综合利用

❖ 任务描述 ❖

餐饮业、居民生活中会产生大量的餐厨垃圾，又称为泔脚，它是城市生活垃圾的重要组成部分。泔脚的主要组成由菜蔬、果皮、果核、米面、肉食、骨头等。从化学组成看，有淀粉、纤维素、蛋白质、脂类和无机盐等。其总固体含量一般为 10%～20%。过去泔脚一般作为喂生猪的饲料，但泔脚如不加以适当的处理而直接利用，会造成病原菌的传播、感染等，因此应对泔脚进行合理的处理和利用。

假如你是某城市环卫部门的管理人员，现在需要你处理该城市产生的大量餐厨垃圾，请设计出餐厨垃圾处理和综合利用的实施方案和计划。

❖ 实施方法 ❖

泔脚中有机物的含量较高。常用的处理方法是生物转化法，这包括好氧堆肥、厌氧发酵，此外，还可以用填埋或焚烧的方法处理和利用泔脚。

1. 泔脚基本情况分析

了解该地区泔脚的产生量、成分和性质，以及目前的处理方法，并参考其他城市处理泔脚的技术方法。

2. 资料收集和现场调查

通过查阅相关资料，了解目前泔脚的处理和利用技术，包括其优缺点、适用范围、技术可行性、经济可行性等。同时应进行现场调查，以了解目前本城市餐厨垃圾产生单位泔脚的处理方式和处理意愿。

3. 拟定初步方案

根据资料收集和现场调查情况，结合本地区实际条件，确定出几套可行的处理方案，如对泔脚进行厌氧发酵，生产沼气发电或生产生物柴油；或好氧堆肥产生有机肥；也可以送入焚烧发电厂进行焚烧。

4. 方案比选和确定

从多种角度对可选方案进行比选。应考虑以下因素：① 传统处理方法的适宜性；② 经济适用性，即成本高不高，收益如何；③ 技术可行性，即这种处理技术是否成熟、工艺是否比较复杂、运行是否方便简单等；④ 市场因素，即该地区是否需要泔脚资源化的产品，如沼气、生物柴油、堆肥、焚烧发电等；⑤ 交通，即泔脚的收集、运输和贮存是否方便，距离如何，附近有无对应的处理厂；⑥ 是否需要新建处理设施，还是利用已有处理设施。

5. 方案实施

根据选定的处理方案的具体要求，对泔脚进行处理。

6. 实施效果后评价

采用拟定的泔脚处理方案后，效果如何？有无需要改善的地方。

思考与练习 **?**

（1）高炉渣的加工处理方法都有哪些？其特点是什么？

（2）请简述各种高炉渣的综合利用方法。

（3）简述钢渣的主要处理工艺。

（4）简述钢渣的常见利用途径及其原因。

（5）有一台手烧炉，年耗煤 400 t，煤的灰分为 20%，除尘效率为 95%，求全年产生的灰渣量。

（6）分析粉煤灰的活性及其影响因素。

（7）粉煤灰在建筑工程、农业和工业中的用途都有哪些？

（8）铬渣的危害是什么？为什么利用前需要进行解毒处理？如何进行解毒处理？

（9）铬渣的综合利用途径都有哪些？

（10）简述磷石膏综合利用中存在的主要问题及其综合利用途径。

（11）简述硫铁矿烧渣的化学组成及其回收利用方法。

（12）尾矿、废石的主要用途有哪些？

（13）煤矸石的主要化学成分是什么？其热值对煤矸石的应用有哪些影响？

（14）简述煤矸石综合利用的主要途径及其特点。

（15）建筑垃圾的综合利用途径有哪些？

（16）废纸的再生利用工艺流程如何？除生产再生纸浆外，废纸还有哪些用途？

（17）简述废塑料资源化利用的途径和方法。

（18）废橡胶有哪些类型？其再生利用方法有哪些？再生产品的用途如何？

（19）简述废干电池综合处理的技术方法。

（20）如何处理利用混合废电池？

（21）农业固体废物都有哪些？其组成有什么特点？

（22）目前，我国秸秆的综合利用途径有哪些？

（23）简述秸秆饲料化的技术原理和方法。

（24）如何综合处理畜禽粪便？

项目八　固体废物的填埋处置

◆ 学习目标 ◆

（1）熟悉场地选择的基本要求及步骤。

（2）掌握填埋场规模的确定，能够进行填埋场库容及规模的计算。

（3）熟悉填埋场防渗系统的基本内容，能够进行填埋场防渗设计。

（4）熟悉填埋场地表水、地下水以及气体的产生及排放，能够进行填埋场渗滤液及气体的收集与导排系统的设计。

（5）掌握填埋场作业与管理的内容，能够独立进行填埋场的管理。

（6）熟悉填埋场后期的封场、土地利用及环境监测的要求及内容。

◆ 基础知识 ◆

我国 2005 年修订后的《固体废物污染环境防治法》对"处置"的定义为：处置，是指将固体废物焚烧和用其他改变固体废物的物理、化学、生物特性的方法，达到减少已产生的固体废物数量、缩小固体废物体积、减少或者消除其危险成分的活动，或者将固体废物最终置于符合环境保护规定要求的填埋场的活动。根据这个定义，处置的范围实际上包括了处理与处置的全部内容。

一、填埋处置的技术

到目前为止，土地填埋仍然是应用最广泛的固体废物的最终处置方法。对现行的土地填埋技术有不同的分类方法，例如，根据废物填埋的深度可以划分为浅地层填埋和深地层填埋，根据处置对象的性质和填埋场的结构形式可以分为惰性填埋、卫生填埋和安全填埋等。但目前被普遍承认的分类法是将其分为卫生填埋和安全填埋两种。前者主要处置城市垃圾等一般固体废物，而后者则主要以危险废物为处置对象。这两种处置方式的基本原则相同，事实上安全填埋在技术上完全可以包含卫生填埋。

（一）惰性填埋法

惰性填埋法是指将本质属性稳定的废物，如玻璃、陶瓷及建筑废料等，置于填埋场，表面覆以土壤的处理方法。实质上惰性填埋法所达到的功能只着重对其加以贮存，而不在于防治其污染。

由于惰性填埋场所处置的废物都是性质已稳定的废物，因此该填埋方法极为简单，图 8-1 为惰性填埋场的构造示意图（假设填埋场为山谷型），其填埋所需遵循的基本原则如下：

（1）根据估算的废物处理量，构筑适当大小的填埋空间，并须筑有挡土墙（或坝）。

（2）于入口处竖立标示牌，标示废物种类、使用期限及管理者。

（3）于填埋场周围设有圈栏或围挡物。

（4）填埋场终止使用时，应覆盖至少 15 cm 的土层。

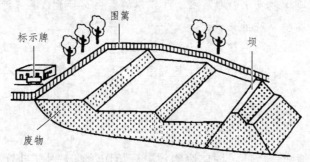

图 8-1　惰性填埋场构造示意图

（二）卫生填埋法

1. 卫生填埋场的工艺及结构

（1）卫生填埋场的工艺

卫生填埋（工艺流程见图 8-2）是把运到土地填埋场地的废物在限定的区域内铺成 40～75 cm 的薄层，然后压实以减少废物的体积，并在每天操作之后用一厚15～30 cm 的土壤覆盖，压实。废物层和土壤覆盖层共同构成一个单元，称填筑单元。具有同样高度的一系列相互衔接的填筑单元构成一个升层。完成的卫生土地填埋场是由一个或多个升层组成的。当土地填埋达到最终的设计高度之后，再在该填埋层之上覆盖一层 90～120 cm 的土壤，压实后就成为一个完整的卫生土地填埋场。

（2）卫生填埋场的结构

典型垃圾卫生填埋场由主体工程、配套设施和生活管理、生活服务设施等构成。卫生填埋场构造的透视和剖面见图 8-3。

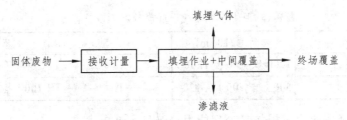

图 8-2 卫生填埋工艺流程图

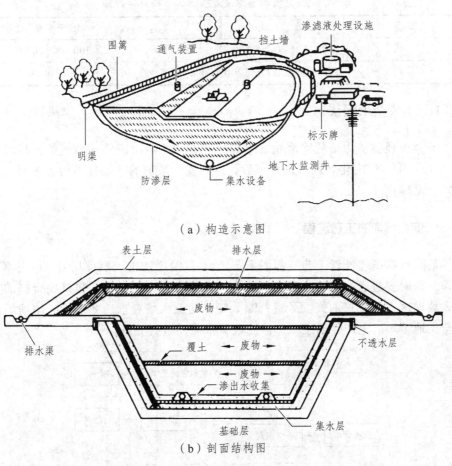

（a）构造示意图

（b）剖面结构图

图 8-3 卫生填埋场基本结构图

2. 卫生填埋场的规模

根据《城市生活垃圾卫生填埋处理工程项目建设标准》，卫生填埋场的建设规模，应根据垃圾场出量、场址自然条件、地形地貌特征、服务年限和技术、经济合理性等因素综合考虑确定。一般情况下，垃圾卫生填埋场规模按总容量分类，按日处理量分级。卫生填埋场建设规模按总容量分类见表 8-1。

表 8-1 卫生填埋场建设规模分类（按总容量）

类型	总容量/10^4 m³	类型	总容量/10^4 m³
Ⅰ类	1200 以上（含 1200）	Ⅲ类	200（含 200）~ 500
Ⅱ类	500（含 500）~ 1200	Ⅳ类	100（含 100）~ 200

卫生填埋场建设规模按日处理能力分级见表 8-2。

表 8-2 卫生填埋场建设规模分级（按日填埋量）

类型	日填埋量/（t/d）	类型	日填埋量/（t/d）
Ⅰ级	1200 以上（含 1200）	Ⅲ级	200（含 200）~ 500
Ⅱ级	500（含 500）~ 1200	Ⅳ级	200 以下

（三）安全填埋法

安全填埋被认为是危险废物的最终处置方法。危险废物一般不能直接填埋，需要经过固化/稳定化处理等预处理后，达到安全填埋的入场标准后，才可入场进行安全土地填埋。

1. 安全填埋的工艺流程

危险废物填埋处置工艺流程图见图 8-4。危险废物进入填埋场后，首先填写入场单，同时要过磅，然后进行分类储存；再进行浸出试验，浸出试验合格的直接进入填埋区，不合格的则需要进行预处理，达到入场要求后才能进入填埋场进行安全土地填埋。生产性的废水和渗滤液等都需要进行处理。

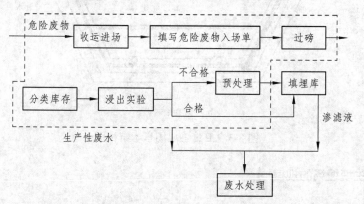

图 8-4 安全填埋场工艺流程图

2. 安全填埋场构造

安全填埋指将危险废物填埋于抗压及双层不透水材质所构筑并设有阻止污染

物外泄及地下水监测装置场所的一种处理方法。安全填埋场专门用于处理危险废物，危险废物在进行安全填埋处置前必须经过稳定化固化预处理过程。

安全填埋场地构筑上较前两种方法复杂，且对处理人员操作的要求也更加严格。图 8-5 为安全填埋场的构造示意图。

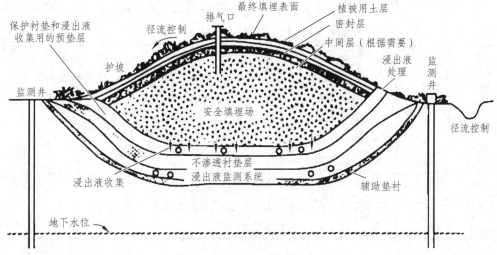

图 8-5　安全填埋场剖面图

二、填埋场场址的选择

（一）填埋场选择的影响因素

填埋场场地的选择对填埋场的建设、费用、运行管理等的都很重要，场地选择的好坏不仅影响着垃圾填埋工艺、渗滤液产生的量和质，而且对对周围环境生态的影响也极大。

影响场地选择的因素很多，但主要考虑以下四个因素：工程学、环境学、经济学、法律及社会因素（表 8-3）。场址选择必须在当地有关部门的人员配合下，对可能的建设场址进行现场踏勘，并搜集必要的设计基础资料，经过场址方案的技术与经济比较后，推荐出一个最佳场址方案供相关机关审查批准。

表 8-3　填埋场选址勘测需要综合考虑的因素

项　　目	参　　数
工程方面	1. 填埋场容量足够大 2. 废物运距合适，交通方便，进出道路应是全天候公路 3. 尽可能利用天然地形，减少各种工程量，就近应有足够的覆盖土源 4. 应有适宜的水文地质、工程地质条件 5. 防止地下水污染的经济技术指标较好

项　目	参　数
环境方面	1. 必须在 100 m 洪泛区以外，地表水不应与可通航的水道直接相通 2. 避开居民区和风景区、珍贵动物栖息地 3. 避开与珍贵的考古学、历史学和古生物学有关的地区 4. 应在居民的下风向（特别是夏季方向）
经济方面	1. 尽量利用荒废山谷，土地征用费低 2. 尽量减少各种工程设施的工程量，选取适当的技术标准 3. 尽量提高单位填埋面积上的废物消纳量 4. 综合考虑高投资费用和低操作费用与低投资费用和高操作法费用的关系 5. 封场后的合理利用
法律和社会方面	1. 符合有关法律及规定 2. 必须取得土地主管部门、规划部分、环保部门的批准 3. 注意公众舆论和社会影响

（二）填埋场址选择的要求及步骤

1. 卫生填埋场选址的基本要求

卫生填埋场选址应符合下列要求：当地城市总体规划、城市区域环境规划及城市环境卫生专业规划等专业规划要求；与当地的大气防护、国土资源保护、大自然保护及生态平衡要求相一致；应具备较大库容以保证填埋场使用年限在 10 年以上，特殊情况下不应低于 8 年；交通方便、运距合理；人口密度、土地利用价值及征地费用均较低；位于地下水贫乏地区或地下水埋深宜大于 2 m 的地区、环境保护目标区域的地下水流向下游地区及夏季主导风向下风向。

2. 安全填埋场选址的基本要求

安全填埋场选址应符合下列要求：国家级地方城乡建设总体规划要求；场址应处于相对稳定的区域，不会因自然或认为的因素而受到破坏；距飞机场、军事基地的距离应在 3000 m 以上；场界应位于居民区 800 m 以外，并保证在当地气象条件下对附近居民区大气环境不产生影响；场址必须位于百年一遇的洪水标高线以上，并在长远规划中的水库等人工蓄水设施淹没区和保护区之外；场址距地表水域的距离不应小于 150 m；场址必须有足够大的可使用面积以保证填埋场建成后具有 10 年或更长的使用期，在使用期内充分接纳所产生的危险废物；场址应选在交通方便、运输距离较短，建造和运行费用低，能保证填埋场正常运行的地区。

3. 填埋场选址的步骤

（1）阐明填埋场场址的鉴定标准依据，给每项标准规定出适当的等级以及场址排除在外的原因（排除标准）。

（2）把所有不适于选作填埋场址的地点登记在册（否定法）。例如，属于排除的地点有地下水保护区、居民区、自然保护区等。

（3）在采用否定法筛选剩余下来的地点中，根据环境条件找出有可能适合的地址（肯定法）。环境条件是指比如道路连接情况、地域大小、地形情况等。

（4）根据其他环境条件（如与居民区的距离）或是根据初评的最重要标准审视选出的场址。

（5）对初评出来的作为备选场址的 2～3 个地址进行进一步的评估，此期间需要做专门的工作。比如地形测量、工程地质与水文地质勘察、社会调查等。

（6）对备选场址根据初步勘察、社会调查的结果编写场址可行性报告，并通过审查。

三、填埋场的库容与规模

填埋场库容和规模的设计除了需要考虑废物的数量以外，还与废物的填埋方式、填埋高度、废物的压实密度、覆盖材料的比率等有关。一般情况下，城市生活垃圾填埋场的使用年限以 8～20 年为宜。工程上，可以通过下列方式进行估算。

（一）填埋场的库容

通常合理的填埋场一般依据厂址所在地的自然人文环境与投资额度规划其总容量，此值系指填埋开始至计划目标年（通常是 8～20 年）为止所欲填埋的总废物量加上所需的覆土容量。近年来，为增大填埋场有效容积，国内外已经开始尝试采用可重复利用的塑料膜来代替覆土。

为精确估算此值须考虑诸多因素，工程上往往采用以下近似计算法，可满足设计的需求：

$$V_n = 垃圾填埋 + 覆盖土量(1-f) \times \left(\frac{365 \times W}{\rho} \right) + \left(\frac{365 \times W}{\rho} \right) \times \phi \qquad (8\text{-}1)$$

$$V_t = \sum_{n=1}^{N} V_n \qquad (8\text{-}2)$$

式中　V_t——填埋总容量，m^3；

　　　V_n——第 n 年垃圾填埋容量，m^3/a；

　　　N——规划填埋场使用年数，a；

　　　f——体积减小率，一般指垃圾在填埋场中降解，一般取 0.15～0.25，与垃垃细分有关；

W——每日计划填埋废物量，kg/d；

ϕ——填埋时覆土体积占废物的比率，0.15 ~ 0.25；

ρ——废物平均密度，在填埋场中压实后垃圾的密度可达 750 ~ 950 kg/m^3。

（二）填埋场的规模

通常表示一座填埋场规模（scale）均以填埋场的总面积为准。从式（8-3）所得结果可知填埋总容量，再根据场址当地的环境及地下水状况，计算填埋场最大深度，填埋场总面积值可由下式估算：

$$A = (1.05 \sim 1.20) \times \left(\frac{V_t}{H} \right) \qquad (8\text{-}3)$$

式中　A——场址总面积，m^2；

　　　H——场址最大深度，m；

1.05 ~ 1.20——修正系数，决定于两个因素，即填埋场地面下的方形度与周边设施占地大小，因实际用于填埋地面下的容积通常非方体，侧面大都为斜坡度。

当填埋场的服务年限较长时，应充分考虑人口的增长率与垃圾产率的变化。前者需要根据相应地区在最近十年中的人口增长率取值；而后者则应根据该地区的经济发展规划，参考以往的产率数据取值。

四、填埋场的防渗系统

（一）防渗的方式

1. 天然防渗

所谓天然防渗是指填埋场所在的填埋库区，具有天然防渗层、隔水性能完全达到填埋场防渗要求，不需要采用人工合成材料进行防渗的填埋场防渗类型。该类型的填埋场场地一般位于黏土和膨润土的土层中。

2. 人工防渗

当填埋场不具备黏土类衬里或改良土衬里防渗要求时，宜采取自然和人工结合的防渗技术措施。大多数填埋场的地理、地质条件都很难满足自然防渗的条件，现在的填埋场一般都采用人工防渗。填埋场的人工防渗措施一般有垂直防渗、水平防渗和垂直与水平防渗相结合三类，具体采用何种防渗措施（或上述几种的结合），则主要取决于填埋场的工程地质和水文地质以及当地经济条件等。

水平防渗指的是防渗层向水平方向铺设，防止渗滤液向周围及垂直方向渗透而污染土壤和地下水，主要有压实黏土、人工合成材料衬垫等；垂直防渗指的是防渗层竖向布置，防止废物渗滤液横向渗透迁移，污染周围的土壤和地下水，主要有帷幕灌浆、防渗墙和 HDPE 膜垂直帷幕防渗。表 8-4 为水平防渗与垂直防渗技术比较。根据《生活垃圾卫生填埋技术规范》（CJJ17）规定："填埋场必须防止对地下水的污染，不具备自然防渗条件的填埋场和因填埋垃圾可能引起污染地下水的填埋场，必须进行人工防渗，即场底及四壁用防渗材料作防渗处理。"防渗层的渗透率不大于 10^{-7} cm/s。这也是世界上绝大多数国家的最低标准。

表 8-4　水平防渗与垂直防渗技术比较

工程措施	渗透率 $K<10^{-7}$ cm/s	深层地下水防渗效果	浅层地下水防渗效果	能否阻止地下水位过高引起的污染
垂直防渗	很难达到	无效	有效	不能阻止
水平防渗	能达到	有效	有效	能阻止

（二）防渗系统的选择

填埋场防渗系统的选择对于填埋场设计至关重要。选择填埋防渗系统应考虑环境标准和要求、场区地形、水文气候、工程地质条件、防渗材料来源、废物的特性及与防渗材料的兼容性、施工条件、技术经济可行性等因素。

防渗系统的最初选择过程应包括环境风险评价。根据防渗系统的不同结构设计和填埋场场区条件，如非饱和带岩性地下水埋深等，运用风险分析方法确定填埋场释放物环境影响，从中选择合适的防渗系统。

就渗滤液的污染控制问题，需要确定渗滤液产生量的最大允许值，分析研究接收水体的敏感性、非饱和带的深度、水系的稀释能力、渗滤液的组成成分和产生速率等因素对防渗系统的影响。

对填埋场气体的安全控制问题，应分析研究的影响因素包括地质条件、水文条件、建筑物及建筑物距离，以及填埋场辅助设施的安全性等其他限制条件。如果填埋场场底低于地下水位，则防渗层设计应考虑地下水渗入填埋场的可能性及对渗滤液产生量的影响；控制因地下水位上升而对防渗系统施加的上升压力以及地下水的长期影响。

一般而言，防渗系统不能只依靠单级防渗层，需要使用复合防渗系统，并设置适合排水系统和土壤防护系统。

防渗系统的选择还受到防渗材料来源的影响。为了减少建设费用，防渗系统应尽量使用在场址区合理距离内可得到的自然材料。

除了具备低渗透性，防渗层系统还应具备坚固性、持久性、抗化学反应性、抗穿透和断裂性。

防渗系统的设计还要考虑施工方便。在铺设防渗层时，防渗层系统的每个单层不能危及其下一层。在填埋场作用过程中，废物入场和填埋方式都可能造成防渗系统的损坏。填埋场施工条件有时可影响防渗系统的设计。

防渗材料的选择应与填埋废物具有相容性，废物的某些理化性质不能造成防渗层的损坏，这就要求防渗层具有化学抗性和相应的持久性。

经济可行性是防渗系统选择中始终要考虑的基本因素。防渗系统应该在满足环境要求的条件下，选择更为经济的防渗系统。

（三）防渗系统结构

防渗系统有单层衬层防渗系统、复合衬层防渗系统、双层防渗系统和多层防渗系统等。

1. 单层衬层防渗系统

单层衬层防渗系统[图 8-6（a）]有一个防渗层，其上是渗滤液的收集系统和保护层，必要时其下有一个地下水的收集系统和保护层，这种类型的衬层系统只能用在抗损性低的条件下。

2. 复合衬层防渗系统

复合衬层防渗系统[图 8-6（b）]是防渗层是复合防渗层。所谓的复合防渗层是指由两种防渗材料相贴而形成的防渗层。比较典型的复合结构是上层为柔性膜，下层为渗透性较低的黏土层。

复合衬层的关键是使柔性膜紧密接触黏土矿物层，以保证柔性膜的缺陷都不会引起沿两者结合面的移动。

3. 双层衬层防渗系统

双层衬层系统[图 8-6（c）]包含两层防渗层，两层之间是排水层，以控制和收集防渗层之间的液体或气体。同样，衬层上方为渗滤液收集系统，下方可有地下水收集系统，膜下保护层可以是压实黏土或者是土工织物膨润土+压实黏土。

4. 多层衬层防渗系统

多层衬层防渗系统[图 8-6（d）]是以上的一个综合，其原理与双层衬层防渗系统类似，两个防渗层之间设置排水层，用于控制和收集从填埋场中渗滤液，不同点在于，上部的防渗层采用的是复合防渗层。防渗层之上为渗滤液收集系统，下方为地下水收集系统。

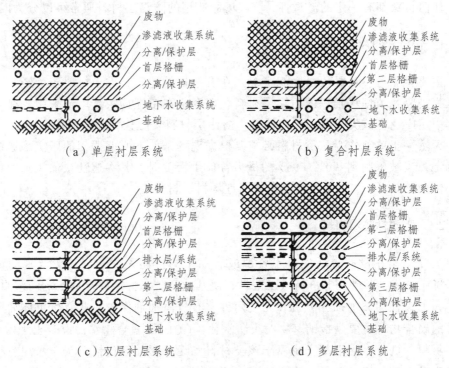

（a）单层衬层系统　　　　　　　　（b）复合衬层系统

（c）双层衬层系统　　　　　　　　（d）多层衬层系统

图 8-6　典型的填埋场衬层系统

填埋场中目前应用最多的是复合衬层系统和双衬层系统，这两个典型基础衬层系统结构见图 8-7 和图 8-8。

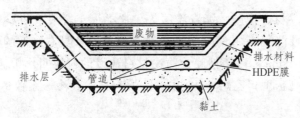

图 8-7　填埋场典型复合衬层系统结构

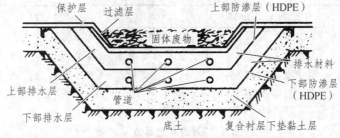

图 8-8　填埋场典型双衬层系统结构

（四）填埋场防渗材料

任何材料都有一定的渗透性，填埋场所选用的防渗层材料通常可以分为四类。

1. 无机天然防渗材料

主要有黏土、亚黏土、膨润土等。在有条件的地区，黏土衬层较为经济，曾被认为是废物填埋场唯一的防渗层材料，至今仍在填埋场中被广泛采用。在实际工程中还广泛将该类材料加以改性后作防渗层材料，统称为黏土衬层。

天然黏土单独作为防渗材料必须要根据现场条件下所能达到的压实渗透系数来确定，当被压制到 90%～95%的最大普氏干密度时，其渗透性很低（水力传导率小于 10^{-7}cm/s）的黏土，才可以做填埋场衬层材料。

2. 人工改性防渗材料

主要是指在没有合适的黏土资源或者黏土的性能无法达到防渗要求的情况下，将亚黏土、亚砂土等进行人工改性，使其达到防渗性能要求而成的防渗材料。

人工改性的添加剂分有机和无机两种。有机添加剂保护一些有机单体如甲基脲等的聚合物，主要是指钠基膨润土防水毯（GCL）、聚合物水泥混凝土（PCC）防渗材料，沥青水泥混凝土也属于该类材料。无机添加剂包括石灰、水泥、粉煤灰和膨润土等。相对而言，无机添加剂费用低、效果好，适用于在我国推广应用。

3. 人工合成有机材料

主要是塑料卷材、橡胶、沥青涂层等。这类人工合成有机材料通常称为柔性膜（常见柔性膜性能见表 8-5）。柔性膜防渗材料通常具有极低的渗透性，其渗透系数均可达到 10^{-11} cm/s。以柔性膜为防渗材料建设的衬层叫作柔性膜衬层（FML）。现广泛使用的是高密度聚乙烯（HDPE）防渗卷材，其渗透系数达到 10^{-12} cm/s 甚至更低。

表 8-5　常用人工合成防渗膜的性能

材料名称	合成方法及价格	优点	缺点
高密度聚乙烯（HDPE）	由氯乙烯树脂聚合而成，价格中等	良好的防渗性能；对大部分化学物质具有抗腐蚀能力；良好的机械和焊接性能；低温下具有良好的工作特性；可制成 0.5～3 mm 不等的各种厚度；不易老化	耐不均匀沉降能力较差；耐穿刺性能力较差

材料名称	合成方法及价格	优点	缺点
聚氯乙烯（PVC）	聚乙烯单体聚合物，热塑性塑料，价格低	耐无机物腐蚀；良好的可塑性；高强度，尤其抗穿刺能力强；易焊接	易被许多有机物腐蚀；耐紫外线辐射能力差；气候适应性不强；易受微生物侵蚀
氯化聚乙烯（CPE）	由氯气和高密度聚乙烯经化学反应而成，热塑性合成橡胶，价格中等	良好的强度特性；易焊接；对紫外线和气候因素有较强的适应性；低温下工作特性良好；耐渗透性能好	耐有机物腐蚀能力差；焊接质量不高；易老化
异丁橡胶（EDPM）	异丁烯与少量的异戊二烯共聚而成，合成橡胶，价格中等	耐高低温；耐紫外线能力强；氧化性溶剂和极性溶剂对其影响不大；胀缩性强	对碳氢化合物抵抗能力差；接缝难；强度不高
氯磺化聚乙烯（CSPE）	由氯乙烯、氯气、SO_2 反应生成的聚合物，热塑性合成橡胶，价格中等	防渗性能好；耐化学腐蚀能力强；耐紫外辐射及适应气候变化能力强；耐细菌能力强；易焊接	易受油污染；强度较低
乙丙橡胶（EPDM）	乙烯、丙烯和二烯烃的三元聚合物，合成橡胶，价格中等	防渗性能好；耐紫外线辐射；气候适应能力强	强度较低；耐油、耐卤代溶剂腐蚀能力差；焊接质量不高
氯丁橡胶（CDR）	以氯丁二烯为基础的合成橡胶，价格较高	防渗性能好；耐紫外线辐射；耐油腐蚀、耐老化；不易穿孔	难焊接和修补
热塑料合成橡胶	极性范围从极性到无极性的新型聚合物，价格中等	防渗性能好；耐紫外线辐射；耐油腐蚀、耐老化；拉伸强度高	焊接质量仍需提高
氯醇橡胶	饱和的强极性聚醚型橡胶，价格中等	拉伸强度高；耐老化；热稳定性好	难于现场焊接和修补

4. 人工合成辅助材料

主要有土工布、土工排水网、土工滤网等。这类人工合成材料主要是对防渗系统起到辅助保护的作用。

（五）填埋场防渗层铺装

填埋场防渗层的铺设安装有着严格的质量要求，其中 HDPE 膜是人工水平防渗技术采用的关键性材料，在施工过程中，除需保证其焊接质量外，在与相关层进行施工时，还需注意保护，避免对其造成损害。其铺装程序如下：

1. 施工前的检查

确认场地干燥、平整、密实；确认 HDPE 膜完好无损；焊接设备的焊接性能是否良好。

2. 底层土工布的铺设

除特殊情况外，HDPE 膜一般不单独使用，因为需要较好的基础铺垫，才能保证 HDPE 膜的稳定、安全可靠的工作。因此在铺设 HDPE 膜之前，先铺一层土工布，土工布的接头搭接量为 300 mm 左右。

3. 防渗膜的铺设

铺膜及焊接顺序是从填埋场高处往低处延伸，两膜的搭接量为 150 mm 左右（取决于焊接设备的类型）；接头必须干净，不得有油污、尘土等污染物的存在；天气应当良好，下雨、大风、雾天等不良气候不得进行焊接，以免应先焊接质量。两焊缝的焦点采用手提热压焊机加强（或加层）焊补。

4. 防渗膜的锚固

HDPE 膜的锚固有三种方法，即沟槽锚固、射钉锚固和膨胀螺栓锚固。

采用沟槽锚固法应根据垫衬使用条件和受力情况计算锚固沟的尺寸，其宽度不得小于 0.3 ~ 0.6 m，深度不得小于 0.5 ~ 0.8 m，边坡边沿与锚固沟的距离不得小于 0.5 ~ 1.0 m。

采用射钉锚固时，压条宽度不得小于 20 mm，厚度不得小于 2 mm，橡皮垫条宽度应与压条一致，后部不小于 1 mm，射钉间距应不小于 0.4 m，压条和射钉应有防腐能力，一般情况下采用不锈钢材质。

采用膨胀螺栓锚固时，螺栓直径不得小于 4 mm，间距不应大于 0.5 m，膨胀螺栓材质为不锈钢。

5. 防渗膜的焊接

HDPE 膜的焊接方式有热压熔焊接（分为挤压平焊和挤压角焊）和双轨热熔焊接（又称热楔焊）之分，见图 8-9。其中挤压平焊应用最广，这种方法焊接速度较快，焊缝均匀，温度、速度和压力易调节，易操作，可实现大面积快速自动焊接等。

为有效控制质量，应该从两个方面进行考虑：一方面宜选用焊接经验丰富的人员施工；另一方面在每次焊接（相隔时间为 2 ~ 4 h）前进行试焊。同时必须对焊缝作破坏性检测和非破坏性检验。

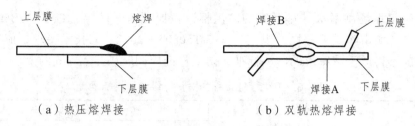

| （a）热压熔焊接 | （b）双轨热熔焊接 |

图 8-9　HDPE 膜的主要焊接方式

五、地表水和地下水的控制系统

（一）地表水控制系统

1. 地表水控制系统的构成

为设计合理的地表水控制系统，应先对填埋场所在地点的总体流域的情况有个全面的了解，图 8-10 即为典型填埋场的流域图，包括上游流域、下游流域、填埋场和洪水调节池。图 8-11 为地表水控制系统的子系统。

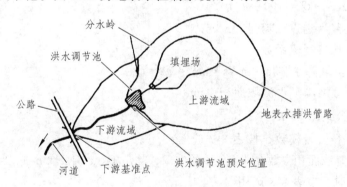

图 8-10　典型填埋场流域图

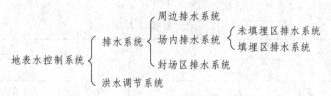

图 8-11　填埋场地表水控制系统

2. 地表水控制标准及要求

洪雨水导排系统的设计原则：雨、污分流；场外和场内为作业区域的汇水应分别直接排放；尽量减少洪水浸入垃圾堆体；排水能力应满足防洪标准要求。

卫生填埋场洪雨水导排系统的防洪标准按照国家《防洪标准》（GB50201—2014）和《城市防洪工程设计规范》（GB/T50805—2012）的技术要求，应符合：防洪标准不得低于该城市的防洪标准，防洪标准应同时满足表8-6的要求。

表8-6 卫生填埋工程的防护等级和防洪标准

防护等级	填埋场建设规模 /（万立方米）	防洪标准（重现期：年）	
		设计	校核
Ⅰ	>500	50	100
Ⅱ	200～500	20	50
Ⅲ	<200	10	20

对于未作业区降水的导排首先应根据分区的情况分别设施清水收集系统或将渗滤液收集管封堵，利用潜水泵直接抽排。

对于场外的降水和封场后的降水设置排洪沟进行导排。

3. 地表水防洪系统设计

（1）截洪沟流量计算

① 推理公式：$Q = 1000^{-1} \cdot \psi \cdot q \cdot F$　　　　　　　（8-4）

式中　Q——截洪沟设计流量，m^3/s；

　　　ψ——地表径流系数；

　　　q——流域降水强度，$m^3/s \cdot hm^2$；

　　　F——截洪沟汇水流域面积，hm^2。

② 经验公式：$Q = K \cdot F^n$　　　　　　　　　　　　（8-5）

式中　K——径流量模数，按表8-7选用；

　　　n——流域面积参数（对于 n 值的选取，当 $F<1\ km^2$ 时，取 $n=1$；当 $1<F<10\ km^2$ 时，按表8-8选用）

　　　F——截洪沟所涉及的流域面积，km^2。

表8-7 径流量模数 K 取值表

重现期/a	地区					
	华北	东北	东南沿海	西南	华中	黄土高原
2	8.1	8.0	11.0	9.0	10.0	5.5
5	13.0	11.5	15.0	12.0	14.0	6.0
10	16.5	13.5	18.0	14.0	17.0	7.5
15	18.0	14.6	19.5	14.5	18.0	7.7
25	19.5	15.8	22.0	16.0	19.6	8.5

注：重现期50年时，可用25年的 K 值乘以1.20。

表 8-8　流域面积参数 n 取值表

地区	华北	东北	东南沿海	西南	华中	黄土高原
n	0.75	0.85	0.75	0.85	0.75	0.80

（2）截洪沟的平面布置和断面选择

① 平面布置

截洪沟平面布置的走向：原则上以垃圾填埋体与上体的交线的走向为走向。

截洪沟应排出的地面径流包括截洪沟流域范围内的山坡径流和垃圾填埋体的径流两部分。当垃圾填埋体年久沉降后，垃圾填埋体的径流不能进入截洪沟时，应采取以下两种措施：一是及时填平沉降部分，恢复原来 5% 的排水坡度，并按水土保持标准绿化植被后使用；二是在截洪沟适当位置，设置子埝，并在截洪沟一侧边墙开一个缺口，将垃圾体径流导入截洪沟，见图 8-12。

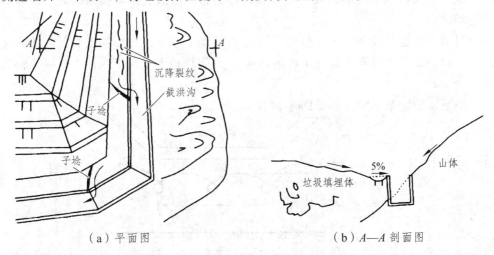

（a）平面图　　　　　　　　　　　（b）A—A 剖面图

图 8-12　垃圾填埋体沉降后与截洪沟分离状况

② 截洪沟断面设计：截洪沟按清水渠道设计，流量小、纵坡大，运行中不至于淤积，防冲并以保护砌加以保护。过水断面形式选用梯形或矩形，见图 8-13。

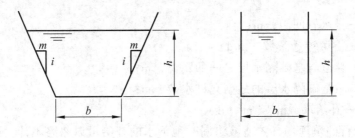

图 8-13　截洪沟典型断面

截洪沟的流量可以用下式计算：

$$Q = A \cdot \frac{1}{n} \cdot R^{\frac{2}{3}} \cdot i^{\frac{1}{2}}$$

（8-6）

式中　A——过水断面面积，m^2；

　　　n——糙率系数；

　　　R——断面水力半径，m；

　　　i——渠底坡降。

（二）地下水控制系统

若填埋场选址的地下水位比较高，或在某一季节地下水升高时，有可能形成涌水现象，将直接危及填埋场的安全，在这种情况下，需要在衬层下修筑地下水集排水系统。

地下水集排水系统的组成、材料和构造上与渗滤液收集系统的组成、材料和构造相同。

对地下水进行控制的主要目的是：① 保持地下水水位与废物层有足够的安全距离，以防地下水受到渗滤液下渗的污染；② 防止地下水向场内渗入，减少渗滤液的产生量。

地下水控制系统示意图见图 8-14。

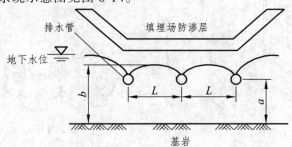

图 8-14　地下水控制系统示意图

地下水排水管的管间距可由 Donnan 公式计算：

$$L^2 = \frac{4K(b^2 - a^2)}{Q_d}$$

（8-7）

式中　L——排水管间距，m；

　　　K——土壤渗透系数，m/d；

　　　a——管道与基础隔水层之间的距离，m；

　　　b——距基础隔水层的最高允许水位，m；

　　　Q_d——补给率，$m^3/(m^2 \cdot d)$。

正常运行的填埋场，渗滤液渗漏对地下水的补给可以忽略不计，则

$$Q_d = K \cdot i$$

（8-8）

式中　i——地下水的水力梯度。

六、渗滤液的控制

（一）渗滤液的来源

渗滤液的来源及影响因素见表8-9。

表8-9 渗滤液的来源及影响因素

来源		影响因素
直接降水	降雨	降雨量、降雨强度、降雨频率、降雨持续时间等
	降雪	降雪量、升华量、融雪量、融雪时期及融雪速度等
地表径流		填埋场地周围的地势、覆土材料的种类及渗透特性、场地的植被情况及排水设施的完善程度等
地下水入侵		地下水与垃圾的接触情况、接触时间及地下水的流动情况等
灌溉水		地面的种植情况和土壤的类型等
废物中的水分		废物的形态与数量、含水量、含水体积及压实度等
覆盖材料中的水分		覆盖层物质的类型、来源以及季节等
有机物分解生成水		垃圾的组成、pH值和菌种等因素

（二）渗滤液产生量的估算方法

填埋场渗滤液的产生量采用在实际填埋场设计和施工中得到的大量验证的经验公式来预测。

$$Q=1000^{-1} \cdot C \cdot I \cdot A \tag{8-9}$$

式中　Q——渗滤液产生量，m^3/d；

C——浸出系数，即填埋场内降雨量中成为渗滤液的比例，其值随填埋场覆土性质、坡度的不同而有不同，一般在 $0.2\sim0.8$，封顶的填埋场则以 $0.3\sim0.4$ 居多；

I——降水量，mm/d；

A——填埋面积，m^2。

由于填埋场中填埋施工区域和填埋完成后封场区域的地表状况不尽相同，因此用下式计算渗滤液产生量更为合理。

$$Q=1000^{-1} \cdot I \cdot (C_1 \cdot A_1 + C_2 \cdot A_2) \tag{8-10}$$

式中　A_1——填埋区的面积，m^2；

C_1——填埋区的浸出系数，其值为 $0.4\sim0.7$，标准值为 0.5；

A_2——封场区的面积，m^2；

C_2——封场区的浸出系数，其值为 $0.2\sim0.4$，标准值为 0.3。

（三）渗滤液的收集系统

渗滤液收集系统的主要功能是将填埋库区内产生的渗滤液收集起来，并通过调节池输送至渗滤液处理系统进行处理。渗滤液收集系统通常由导流层、收集沟、多孔收集管、集水池、提升多孔管、潜水泵和调节池等组成。条件允许时，可以利用地形条件以重力流形式让渗滤液自流到贮存或处理设施内，这就省掉了集液池和提升系统。典型的渗滤液导排系统断面及其水平沉淀系统、地下水导排系统的相对关系见图 8-15。

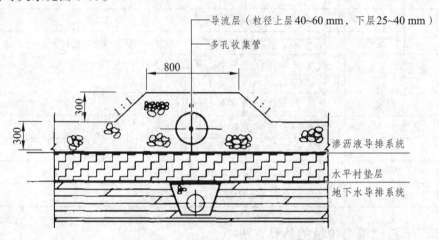

图 8-15　典型渗滤液导排系统断面图

1. 导流层

导流层的目的就是将全场的渗滤液顺利地导入收集沟内的渗滤液收集管内（包括主管和支管）。导流层铺设在经过清理后的场基上，其厚度不小于 30 cm，由粒径为 40 ~ 60 mm 的粗砂粒或卵石组成，需覆盖在整个填埋场底部衬层上，其水平渗透系数应大于 10^{-3} cm/s，纵、横坡度大于 2%。导流层与废物之间宜设土工织物等人工过滤层，以免细粒物质堵塞导流层，影响其正常排水功能的发挥。

2. 收集沟与多孔收集管

收集沟设置于导流层的最低标高处，并贯穿整个场底，断面通常采用等腰梯形或菱形，铺设在场底中轴线上的为主沟，在主沟上依间距 30 ~ 50m 设置支沟，支沟与主沟的夹角宜采用 15°的倍数（通常采用 60°），以利于将来渗滤液收集管的弯头加工与安装，同时在设计时应当尽量把收集管道设置成直管段，中间不要出现反弯折点。收集沟中填充卵石或碎石，粒径按照上大下小形成反滤，一般上部卵石粒径采用 40 ~ 60 mm，下部采用 25 ~ 40 mm。

多孔收集管按照铺设位置分为主管和支管，分别埋设在收集主沟和支沟中。根据填埋场的具体条件，按水力学计算和静力作用确定管径和材质，通常主管管径应大于 250 mm，支管管径大于 200 mm，最小坡度应不小于 2%。管材目前多采用高密度聚乙烯（HDPE），应预先制孔，孔径通常为 15～20 mm，孔距为 50～100 mm，开孔率 2%～5%。为了使填埋体内的渗滤液水头尽可能低，管道安装时要使开孔的管道部分朝下，但孔口不能靠近起拱线。典型的渗滤液多孔收集管断面见图 8-16。

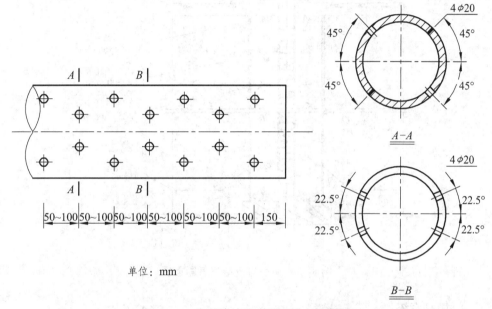

单位：mm

图 8-16　典型渗滤液多孔吸收管断面图

渗滤液收集系统中收集管部分不仅指场底水平铺设部分，同时还包括收集管的垂直收集部分。

卫生填埋场一般分层填埋，各层废物压实后，覆盖一定厚度的黏土层，起到减少废物污染及雨水下渗作用，但同时也造成上部渗滤液不能流到底部导流层，因此需要布置垂直渗滤液收集系统。

在填埋区按一定间距设立贯穿填埋体的垂直立管，管底部通入导流层或通过短横管与水平收集管相接，以形成垂直-水平立体收集系统，通常这种立管同时也用于导出填埋气体，称为排渗导气管。管材采用高密度聚乙烯穿孔花管，在外围利用土工网格形成套管，并在套管上与多孔管之间填入建筑垃圾、卵石或碎石滤料，随着填埋层的升高，这种设施也逐级加高，直至最终封场高度。底部的垂直多孔管与导流层中的渗滤液收集管网相通，这样填埋体中的渗滤液可以通过滤料和垂直多孔管流入底部的排渗管网，提高了整个填埋场的排污能力。排渗导气管的间距要考虑不影响填埋作业和有效导气半径的要求，一般按 50 m 间距梅花形交错布置。排渗导气管随着废物填埋层的增加而逐段增高，导气管下部要求设立稳定基础，典型的排渗导气管断面见图 8-17。

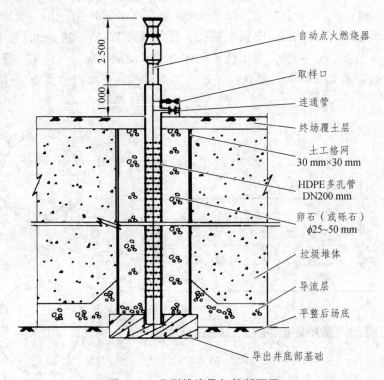

图 8-17 典型排渗导气管断面图

3. 提升系统

包括提升多孔管和提升泵。提升管按安装形式可分为竖管和斜管，后者因能减少负摩擦力的作用，同时可避免竖管带来的诸多操作问题，因此采用较普遍。斜管常采用高密度聚乙烯管，半圆开孔，管径在 800 mm 左右，以便于潜水泵的放入和取出。潜水泵通过提升斜管安放于贴近池底部位。典型斜管提升系统断面见图 8-18。

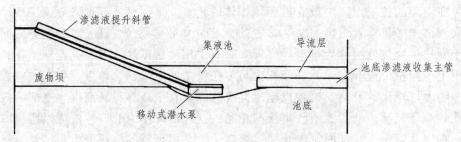

图 8-18 典型的斜管提升系统断面图

对于山谷型填埋场，通常可利用自然地形坡降采用渗滤液收集管直接穿过废物坝的方式将渗滤液导出坝外，此时可将集液池和提升系统省略。

4. 调节池

调节池是渗滤液收集系统的最后一个环节，它既可以作为渗滤液的初步处理设施，同时又起到渗滤液水质和水量调节的作用，从而保证渗滤液后续处理设施的稳定运行，减小暴雨期间由于渗滤液外泄而引起环境污染的风险。调节池常采用地下式或半地下式，其池底和池壁用 HDPE 膜进行防渗，膜上采用预制混凝土板保护。

5. 集液池

一般在平原型填埋场中使用较多，这是由于平原型填埋场的渗滤液无法借助于重力从场内导出。因此集液池一般在废物坝前最低洼处下凹形成，其容积依对应的填埋单元面积而定，一般为 5 m×5 m×1.5 m，集液池坡度为 1∶2，池内用卵砾石堆填以支撑上覆废物等荷载，堆填卵砾石的空隙率介于 30%～40%。

（四）渗滤液的处理

渗滤液的处理方法和工艺取决于其数量和特性，而渗滤液的特性决定于所埋废物的性质和填埋场使用的年限。由于渗滤液成分变化很大，因此有多种处理方法，主要包括：① 渗滤液循环；② 渗滤液蒸发；③ 生物处理技术和物化处理技术。当填埋场不能使渗滤液循环或者蒸发，又不可能将渗滤液排往污水处理厂时，就需要对渗滤液进行处理。采用何种处理过程主要取决于要除去的污染物的范围和程度。

（五）渗滤液渗漏量的计算

1. 黏土单衬层系统

对于填埋采用黏土作为防渗材料的单衬层系统，由于黏土的渗透性，会有一定量的渗滤液渗漏，其渗滤液渗漏量 Q 与根据达西定律计算的水通量 q 和填埋场场底面积 A 有关，计算式如下：

$$Q = q \times A = K_s \times \frac{H+L}{L} \times A \qquad (8\text{-}11)$$

式中　Q——渗滤液渗漏量，cm^3/s；

K_s——饱和渗透系数（或导水率），cm/s；

H——填埋场底部积水厚度，m；

L——防渗层的厚度，m；

A——填埋场底部防渗层面积，m^2。

2. HDPE 地膜单衬层系统

对于采用 HDPE 地膜作为防渗材料的防渗系统，由于 HDPE 地膜不透水，即使由于制造中不可避免有微孔存在，但其水渗透系数通常也会达到 10^{-12} cm/s，具有很好的防渗效果，此时，其渗滤液渗漏量计算也可以采用公式（8-9）。

通常情况下，HDPE 地膜在运输、施工过程和填埋场运行过程中，容易受到机械损伤，会出现针孔和裂缝，此时渗滤液通过 HDPE 地膜的泄漏不能用渗透来描述，而是服从小孔出流的规律，一般采用伯努利方程估算单孔或裂缝的渗滤液渗漏量。

$$Q = \xi \times a \times \sqrt{2gH} \qquad (8\text{-}12)$$

式中　Q——渗滤液渗漏量，cm^3/s；

ξ——孔或裂缝的渗流系数，量纲为 1；

a——HDPE 土工膜上一个圆孔或裂缝的面积，cm^2；

g——重力加速度，981 cm/s^2；

H——填埋场内的积水厚度，m。

3. 地膜/黏土或黏土/地膜复合衬层系统

HDPE 地膜和黏土组成的复合衬层，具有 HDPE 地膜和黏土衬层的优点，当发生破裂和出孔眼时，黏土会自动愈合，使泄漏处水流通过黏土层渗流，此时，渗滤液通过符合衬层系统的渗漏量估算如下：

$$Q = q \times A' = K_s \times \frac{H+L}{L} \times A' \qquad (8\text{-}13)$$

$$A' = \varsigma \times A \qquad (8\text{-}14)$$

式中　A'——填埋场底部 HDPE 地膜破损面积，m^2；

ς——填埋场底部 HDPE 地膜破损率，量纲为 1；

其余参数同上。

七、填埋气体的产生及控制

（一）填埋气体的产生及成分

1. 填埋气体的产生

填埋气体的产生是一个非常复杂的过程。垃圾填埋后，由于微生物的生化降解作用会产生好氧与厌氧分解。填埋初期，由于废物中空气较多，垃圾中有机物开始进行好氧分解，产生二氧化碳、水、氨气，这一阶段可持续数天；但当填埋区氧被耗尽时，垃圾中有机物转入厌氧分解，产生甲烷、二氧化碳、氨气、水以及硫化氢等。国内外研究一致认为，将填埋气体产生过程划分为 5 个阶段，填埋气体的产生过程见图 8-19。

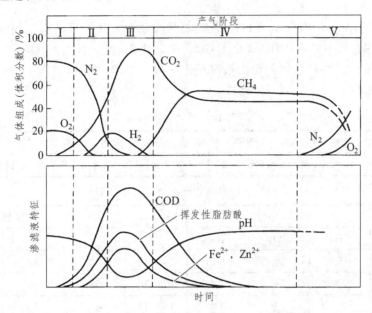

图 8-19　填埋场产气过程

第 I 阶段为初始调整阶段（好氧阶段）：由于填埋作业过程中，被填埋废物携带一定数量的空气进入库区，该阶段实际上是以好氧发酵为主。该阶段主要特征是，开始产生 CO_2，O_2 量明显降低；有热量产生，温度升高 10 ~ 15 ℃。

第 II 阶段是过渡阶段：氧气完全耗尽，厌氧环境形成。多糖和蛋白质等有机物在微生物和化学的作用下水解并发酵，迅速生成挥发性脂肪酸、二氧化碳和少量氢气。由于水解作用在整个阶段中占主导地位，此阶段也称为液化阶段。

第 III 阶段为产酸阶段：此阶段产酸菌繁殖很快，产生大量的有机酸；其主要成分为甲酸、富里酸和其他有机酸的中间产物为甲烷生成菌的繁殖创造了条件，CH_4 产生的初始阶段并不断增加，但 CO_2 是这一阶段的主要气体，大量有机酸的累积会降低渗滤液的 pH 值。

第 IV 阶段为产甲烷阶段：该阶段是回收利用甲烷的黄金时期，甲烷产生量稳定且浓度保持在 50% ~ 60%；此阶段有机酸仍大量产生，但速率明显减缓。

第 V 阶段为稳定阶段：当大部分可降解有机物转化成 CH_4 和 CO_2 后，填埋场释放气体的产生速率显著减小，大气逐步渗入填埋场填埋层中，此时，填埋场处于相对稳定阶段。

填埋场中的填埋废物是在不同年份处理的。在填埋场中不同位置、各个阶段的反应都在同时进行，因此，上述阶段并不是绝对独立的，而是相互作用相互依赖的。

2. 填埋气体的组成

填埋气（Landfill Gas，LFG）是指填埋废物中可生物降解有机物在微生物作用下的产物，其中含有 CH_4、CO_2、CO、H_2、H_2S、N_2、NH_3 和 O_2 等，主要成分为 CH_4 和 CO_2。各种气体的组成情况见表 8-10，填埋气体组成在不同时期的变化情况见表 8-11。

表 8-10　填埋气体组成

组分	CH_4	CO_2	NH_3	N_2	O_2	H_2S	H_2	CO	微量组分
体积分数/%	45~50	40~60	0.1~1.0	2~5	0.1~1.0	0~1.0	0~0.2	0~0.2	0.01~0.60

表 8-11　填埋气体组成在不同时期的变化值

填埋后时间/月	体积分数/%			填埋后时间/月	体积分数/%		
	CH_4	CO_2	N_2		CH_4	CO_2	N_2
0~3	8	88	5.2	24~30	48	52	0.2
3~6	21	76	3.8	30~36	51	46	1.3
6~12	29	65	0.4	36~42	47	50	0.9
12~18	40	52	1.1	42~48	48	51	0.4
18~24	47	53	0.4				

（二）填埋气体的收集

填埋气体收集系统的作用是控制填埋气体在无控制状态下的迁移和释放，以减少填埋气体向大气的排放量和向地层的迁移，并为填埋气体的回收利用做准备。常用的收集系统可分为主动集气系统和被动集气系统。

1. 主动集气系统

填埋场主动集气系统需要配备抽气动力系统，结构相对复杂，投资较大，适于大、中型填埋场气体的收集。主动集气系统包括填埋气体内部收集系统和控制填埋气体横向迁移的边缘收集系统。

（1）填埋气体内部收集系统

内部收集系统由抽气井、集气输送管道、抽风机、冷凝液收集装置、气体净化设备及发电机组组成（图 8-20），常用于回收利用填埋气体，控制臭味和填埋气体的无序排放。

① 抽气井：抽气井常按三角形布置，影响半径应通过现场实验确定。另外，由于抽气井的布置会影响集气输送管道的布置，在布置抽气井时应根据现场条件和实际限制因素进行适当调整。同时，抽气井的位置还需要根据钻井过程中遇到的实际情况作相应调整。

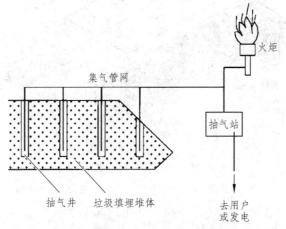

图 8-20　填埋场气体主动集气系统示意图

② 集气输送管：抽气需要的真空压力和气流均通过预埋管网输送至抽气井，主要的气体收集管应设计成环状网络（图 8-21），这样可以调节气流的分配和降低真个系统压差。通常采用 15~20 cm 直径的 PVC 或 HDPE 管连接抽气井与引风机，预埋管要有一个坡度，其控制坡度应使冷凝水在中立作用下被收集，并尽量避免因不均匀沉降引起堵塞，坡度至少为 3%，对于短管可以为 6%~12%。为减少因摩擦产生的压头损失，管道的直径可以增大。集气输送管埋设在填有砂子的管沟中，由于孔隙的压头损失较大，在抽气量没有很大提高时，引风机的能力要显著增大。

③ 抽风机：抽风机应安装在稍高于集气管末端的房间或集装箱内，以促使冷凝液下滴。抽风机的型号应根据总负压和需要抽取气体的体积来选择，抽风机容量应考虑到未来的需求。抽风机只能抽送低于爆炸极限的混合气体，为确保安全，必须安装阻火器，以防火星通过风机进入集气输送管道系统。

④ 冷凝水收集装置：从气流中控制和排除冷凝水对于气体收集系统的有效使用非常重要。填埋气体中的冷凝水集中在气体收集系统的低洼处，它会切断抽气井中的真空，破坏系统正常运行。冷凝水分离器可以促进液体水滴的形成并将其从气流中分离出来，重返填埋场或收集池中，每隔一段时间将冷凝液从收集池中抽出一次，处理后排入下水系统。冷凝水收集井每间隔为 60~150 m 设置一个。冷凝水收集井应是气体收集系统的一部分，这些收集井可以使随气流移动的冷凝水从集气管中分离出来，以防止管子堵塞。大概每产生 1 万立方米气体就要产生

70 ~ 800 L 冷凝水，这取决于系统真空压力的大小和废物中含湿量多少。

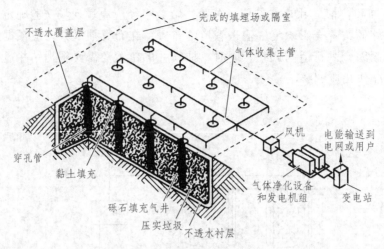

图 8-21　填埋场气体收集管网络

⑤ 性能检测：一个主动系统安装之后，它的性能需要检测，看它是否如设计的那样工作。基于这一目的，每个抽气井中的压力和气体成分及场外气体探头都要一天监测两次，监测 2 ~ 3 天。调整期之后监测 7 天。在调整期内，要调节抽气井里的阀门，使最远的井中达到设计压力。任何严重的集气管泄漏、堵塞或抽气井阀门失灵及引风机的装配，都可以通过这一性能监测来检知。

（2）填埋气体边缘收集系统

边缘收集系统由周边抽气井和沟渠组成，其功能是回收填埋气体，并控制填埋气体的横向迁移。由于边缘收集系统的填埋气体质量通常较低，有时需要与内部收集系统的填埋气体进行混合才能回收利用。如果填埋气体没有足够的数量和较好的质量，则需要补充燃料以进行填埋气体的燃烧。边缘填埋气体主动集气系统见图 8-22。

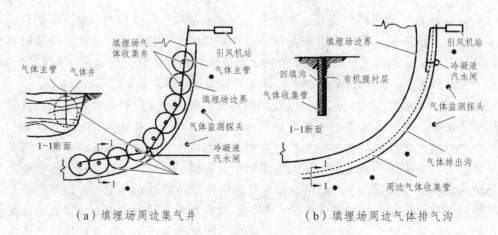

（a）填埋场周边集气井　　　　（b）填埋场周边气体排气沟

图 8-22　边缘填埋气体主动集气系统

① 周边抽气井：周边抽气井[图 8-22（a）]常用于废物填埋深度至少大于 8 m，且与周边开发区相对较近的填埋场。其设置通常是在填埋场内沿周边打一系列的垂直井，并通过共用集气输送管将各抽气井与中心抽气站链接，中心抽气站通过真空的方法在共用集气输送管和每口抽气井中形成真空抽力。这样在每口抽气井周围可形成一个影响带，也叫影响半径，处于影响半径内的气体被抽到井中，然后由集气输送管送往中心抽气站处理后回收利用。

② 周边抽气沟渠：如果填埋场周边为天然土壤，则可使用周边抽气沟渠[图 8-22（b）]导排填埋气体。周边抽气沟渠常用于填埋深度比较浅的填埋场，深度一般小于 8 m。沟中通常使用砾石回填，中间放置打了孔的塑料管，横向连接到集气输送管和离心抽气机上。抽气沟渠挖到垃圾中，也可以一直挖到地下水面。沟渠常要封衬。抽到沟渠中填埋气体通过穿孔管进入集气输送管和抽气站，并最终在抽气站回收利用或燃烧处理。

③ 周边注气井系统（空气屏障系统）：周边注气井系统由一系列垂直井组成，设置在填埋场边界与要防止填埋气体入侵的设施之间的土壤中，通过形成空气屏障来阻止填埋气体向设施迁移扩散。通常适用于深度大于 6 m 的填埋场，同时又有设施需要保护的地方。

2. 被动集气系统

填埋场被动集气系统无须外加动力系统，结构简单，投资少，适于垃圾填埋量小、填埋深度浅、产气量低的小型城市垃圾填埋场（<40 000 m³）和非城市垃圾填埋场。被动集气系统包括排气井、水平管道等设施。被动集气系统典型结构见图 8-23。

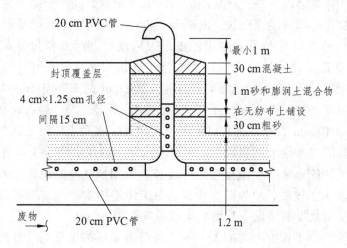

图 8-23　被动集气系统典型详图

（1）集气井：在填埋场覆盖层安装的连通到垃圾体的集气井，通常其布设间距为 50 m 布置，最好将所有排气井用穿孔管连接起来，当填埋气体中的甲烷浓度足够高时，则可装上燃烧器将其填埋气体燃烧处理。

（2）周边拦截沟渠：由砾石填充的沟渠和填埋在砾石中的穿孔管所组成的周边拦截沟渠，可有效阻止填埋气体的横向迁移，并可通过与穿孔管到连接的纵向管道收集填埋气体，将其排放大气中。为有效收集填埋气体并防止填埋气体的横向迁移，在沟渠外侧需铺设防渗衬层。

（3）周边屏障沟渠或泥浆墙：充填有渗透性相对较差的膨润土或黏土的阻截沟渠，是填埋气体横向迁移的物理阻截屏障，有利于在屏障的内侧用抽气井或砾石沟渠导排填埋气体。但常用于地下水阻截的这种泥浆屏障在变干时容易开裂，故它对于控制填埋气体迁移的长效性如何还不确定。

（4）填埋场防渗层：填埋场的防渗层可以防止填埋气体的向下运动。但是，填埋气体仍可以通过黏土衬层向下扩散迁移，只有使用带有人造薄膜的衬层才能限制填埋气体的迁移。

（5）微量气体吸收屏障：填埋场中的微量气体的浓度变化很大，浓度梯度也很大，导致微量气体的扩散迁移活动剧烈，即使在填埋场主要气体的对流迁移活动很微弱时也是如此。微量气体吸收屏障如堆肥产品等可以有效控制填埋场微量气体的无序迁移，并减少微量气体的排放量。

3. 填埋气体收集井

填埋场主动集气系统和被动集气系统都需要设置相当数量的填埋气体收集井。填埋气体收集井主要有垂直抽气井和水平集气管两种。

（1）垂直抽气井

垂直抽气井是填埋场最普遍采用的填埋气收集器，其典型结构见图 8-24。通常用于已经封顶的填埋场或已完工的部分，也可用于仍在运行的填埋场。

垂直抽气井在设计和布置时应考虑最大限度可利用真空度和每口井的抽气量。典型的垂直井建造是先用螺旋式或料斗式钻头钻入垃圾体中，形成孔径约 900 mm 的空洞，然后在洞内安装直径 100~200 mm 的 HDPE 管或无缝钢管，从管底部到距填埋场表面 3~5 m 处的管壁上开启小孔或小缝，最后在井管四周环状空间装填直径 40 mm 的碎石，井口依次用熟垃圾、膨润土、黏土封口，井头上安装填埋气体监测口（便于监测浓度、温度、流量、静压、液压）和流量控制阀。

垂直抽气井的影响半径是指气体能够被抽吸到抽气井的距离。影响半径与填埋垃圾类型、压实程度、填埋深度和覆盖层类型等因素有关，应通过现场实验确定。在缺少实验数据的情况下，影响半径通常采用 45 m。

一般来说，对于深度大并有人工膜的混合覆盖层的填埋场，常用的井间距为 45~60 m；对于使用黏土或天然土壤作为覆盖层材料的填埋场，则应使用小一些的间距，如 30 m，以防将大气中的空气抽入填埋气体收集系统中。

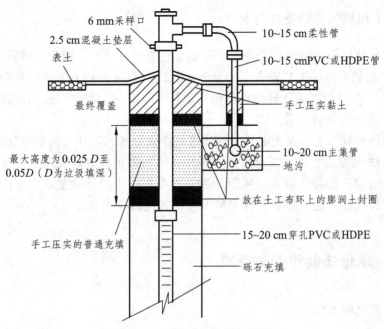

图 8-24　填埋气体垂直抽气井详图

（2）水平集气管

水平集气管一般用于仍在运行的填埋场，其基本构造见图 8-25。水平集气管一般由带孔管道或不同直径的管道相互连接而成，通常现在填埋场底层铺设填埋气体收集管道系统，然后在 2 ~ 3 个填埋单元层上铺设水平集气井。水平集气管的具体做法是现在所填埋垃圾上开挖水平管沟，然后用砾石回填至管沟高度的一半，再放入穿孔开放式连接管道，最后回填砾石并用垃圾填满管沟。由于水平集气管有可能与道路交叉，因此安装时必须考虑动荷载和静荷载、埋设深度、管道密封以及冷凝水外排等问题。

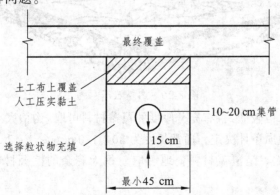

图 8-25　填埋气体水平集气管详图

水平集气管在垂直和水平方向上的间距随着填埋场地形、覆盖层以及现场条件而变，通常，垂直间距是 2.4 ~ 18 m 或 1 ~ 2 层垃圾的高度，水平间距为 30 ~ 120 m。

（三）填埋气体的处理与利用

填埋气体的回收利用途径包括：① 直接燃烧产生蒸汽，用于生活或工业供热；② 通过内燃机发电，作为运输工具的动力燃料；③ 用于 CO_2 工业；④ 用于制造甲醇的原料；⑤ 经深度净化处理后用作管道煤气等。其中发电、民用燃料和汽车燃料是三种最为普遍的利用方式。

无论作何种用途，首先必须对气体进行净化处理，填埋气体的净化步骤包括：颗粒与水脱除的预处理、深冷脱氮、酸性气体和微量组分的脱除等，涉及的单元操作有：过滤、深冷、吸收、吸附、膜分离等。由于组分的复杂多变，根据填埋气体的最终用途，通常需要联合多种工艺对其进行净化处理。

八、填埋场的作业与管理

（一）填埋方法

1. 沟槽法（坑填作业法）

沟槽法也称为坑填作业法（图 8-26），是把废物铺撒在预先挖掘的沟槽内，然后压实，把挖出的土作为覆盖材料铺撒在废物之上并压实，即构成基础的填筑单元结构。

图 8-26　沟槽法示意图

适宜于地下水位较低，且有充分厚度的覆盖材料可取。沟槽大小需根据场地大小、日填埋量及水文地质条件决定，通常长度为 30～120 m，深 1～2 m，宽 4.5～7.5 m。

这种方法的优点是覆盖材料就地可取，每天剩余的挖掘材料，可作为最终表面覆盖材料。

2. 平面法

平面法也称为地面作业法（图 8-27），是把废物直接铺撒在天然的土地表面上，按设计厚度分层压实并用薄层黏土覆盖，然后再整体压实。

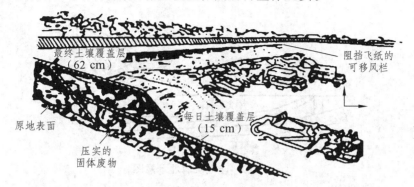

图 8-27　平面法示意图

这种填埋方法可在坡度平缓的土地上采用，适用于处置大量的固体废物。但开始要建造一个人工土坝，倚着土坝将废物铺成薄层，然后压实。最好选择峡谷、山沟、盆地、采石场或各种人工或天然的低洼区作填埋场，但要保证不渗漏。

这种填埋方法的优点是不需开挖沟壑或基坑，但要另寻覆盖材料。

3. 斜坡法

斜坡法（图 8-28）是把废物直接铺撒在斜坡上，压实后用工作面前直接得到的土壤加以覆盖，然后再压实。主要是利用山坡地带的地形，实际是沟槽法和地面法的结合。

图 8-28　斜坡法示意图

这种填埋法的特点是占地少，填埋量大，挖掘量小。

4. 洼地法

洼地法是利用天然洼地的三个边构筑填埋场，见图 8-29。

这种填埋方法的优点是利用了天然地形，减少了大量的挖掘工作，贮存量大。缺点是填埋场地的准备工作复杂，对地表水和地下水控制较难。采石场、露天矿坑、山谷都可作为洼地式填埋场。

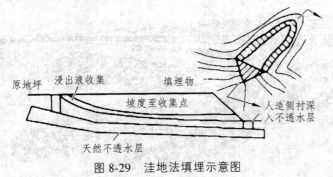

图 8-29　洼地法填埋示意图

（二）作业方式

填埋作业方式可根据场地的地形特点来确定：

对于平坦地区，土地填埋操作可以由下向上进行垂直填埋，也可以从一端向另一端进行水平填埋。图 8-30 是这两种填埋作业方式的断面图。垂直填埋也称阶梯式填埋，其优点是填埋向高度发展，在较短的时间内就可以使填埋的垃圾达到最终填埋高度，既可以减少垃圾的暴露时间，又有助于减少渗滤液的数量，因此被广泛采用。

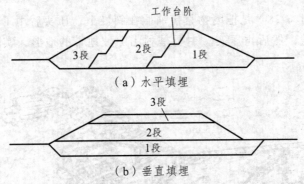

（a）水平填埋

（b）垂直填埋

图 8-30　平坦地区的填埋操作

对于地处斜坡和峡谷地区可从上往下或从下往上进行。一般采用从上到下的顺流填埋方法，因为这样既不会积蓄地表水，又可减少渗滤液。图 8-31 是丘陵、峡谷地区填埋作业方式示意图。

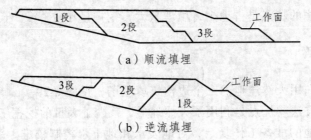

（a）顺流填埋

（b）逆流填埋

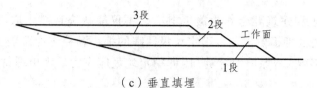

（c）垂直填埋

图 8-31　丘陵、峡谷地区填埋作业

（三）填埋场的覆盖

为了避免垃圾暴露，污染环境、破坏景观。填埋场必须进行覆盖，覆盖类型包括单元覆盖、中间覆盖和最终覆盖。覆盖的作用在于减少地表水渗入，避免填埋气体无控制地向外扩散，减轻观感上的厌恶感，避免为蝇虫等小动物提供滋生的场所，便于作业设备的运行，为植被的生长提供土壤。

1. 覆盖层的厚度

最常用的覆盖材料为填埋场附近的各类黏土。采用黏土覆盖时，日覆盖、中间覆盖和最终覆盖的间隔时间和覆盖层厚度见表 8-12。

表 8-12　黏土覆盖的覆盖厚度

填埋层	各层最小厚度/mm	填埋时间/d
日覆盖层	150	0~7
中间覆盖层	300	7~365
最终覆盖层	500	>365

2. 覆盖层材料

覆盖材料的用量与垃圾的填埋量为 1：4 或 1：3,覆盖材料的来源包括自然土、工业渣土、建筑弃土和降解稳定的填埋垃圾等。几种覆盖材料的性能见表 8-13。

表 8-13　覆盖层材料的性能比较

土壤性能	纯砾石	淤泥砾石	纯砂子	淤泥砂子	淤泥	黏土
阻止啮齿类动物打洞	良	中—良	良—优	良	差	差
减少渗滤液	差	中—良	差	良—优	良—优	优
减少填埋气扩散	差	中—良	差	优	良—优	优
阻拦废纸飘洒	优	优	优	优	优	优
保证植物生长	差	良	差—中	优	良—优	中—良
透气性	优	差	良	差	差	差
防止蚊蝇滋生	差	中	差	良	良	优

自然土是最常用的覆盖材料，它的渗透系数小，能有效地阻止渗滤液和填埋气扩散，但除了掘埋法外，其他的都存在着大量取土而导致的占地和破坏植被的

问题。工业渣土和建筑弃土作为覆盖材料，不仅能解决自然土取用的问题，而且能为废弃渣土的处理提供出路。稳定垃圾回筛的细小颗粒作为覆盖土也能有效延长填埋场的使用年限，增加填埋容量，因此稳定垃圾应作为垃圾填埋材料的主要来源。

（四）卫生填埋场的作业与管理

1. 制订土地填埋操作计划

为保证土地填埋操作的顺利进行，必须根据场地的布局制定一份完整的土地填埋操作计划，为操作人员制订操作规程、交通线路、记录和监测程序、定期操作进度表、意外事故的应急计划及安全措施等。

2. 填埋场的工艺设备

（1）常用填埋设备的性能

常用的填埋设备及适用范围见表 8-14。有履带式和轮胎式推土机、产运机、压实机。

表 8-14　卫生填埋设备的性能特点

设备	固体废物			覆盖材料		
	平整	压实	挖土	平整	压实	运输
履带式推土机	优	良	优	优	良	不适用
履带式装卸机	良	良	优	良	良	不适用
橡胶轮胎推土机	优	良	优	良	良	不适用
橡胶轮胎装卸机	良	良	中	良	良	不适用
填筑压实机	优	优	差	良	优	不适用
铲土机	不适用	不适用	良	优	不适用	优
拉铲挖土机	不适用	不适用	优	中	不适用	不适用

（2）设备的配备

卫生填埋场主要工艺装备根据日处理垃圾量和作业区、卸车平台的分布情况配备，一般可以参照表 8-15 选用。

表 8-15　卫生填埋场工艺装备选用参照表

规模/（t/d）	推土机	压实机	挖掘机	装载机
Ⅰ级	3	2～3	2	2～3
Ⅱ级	2	1～2	1	1～2
Ⅲ级	1～2	1	1	1
Ⅳ级	1	1	1	1

注：①卫生填埋机械使用率不低于65%；②推土机按功率140HP核定，如选用其他类型推土机，可自行换算使用；③不使用压实机的，可两倍数量增配推土机。

覆盖土运输车辆需按土量、运距和车辆能力配备；生活垃圾进场后需要进行二次倒运时，应实行封闭化运输，并配备足够的作业机械和运输车辆。

3. 填埋操作

（1）填埋分区计划：分区计划主要是保证填埋作业的有序性，并使每个填埋区在尽可能短的时间内封顶覆盖，以减少污染的产生。

（2）单元填埋前的场地处理：填埋作业单元场地基础必须是具有承载能力的自然土或经过碾压、夯实的平稳层，且不会因填埋垃圾的沉降而使场底变形。此外，场底处理还包括场底防渗系统、渗滤液收集运输系统等。

（3）摊铺、压实、覆盖作业：摊铺、压实、覆盖是填埋作业工艺的关键环节，各填埋场应制定严格的操作规范。

垃圾摊铺必须分层进行，每层厚度 $0.8 \sim 1.0$ m，铺匀后用压实机进行 $3 \sim 5$ 次压实，压实密度不少于 0.6 t/m^3。按此程序摊铺 $3 \sim 4$ 层，使压实后的垃圾总层厚度达到 $2.5 \sim 3$ m，在每日填埋作业结束时进行每日覆盖，覆盖土厚度为 $0.2 \sim 0.3$ m 或在土源较紧张地区也可以采用厚度为 0.05 mm 左右的高密度聚乙烯或其他塑料薄膜临时覆盖，可重复使用。在形成的垃圾堆体上修筑临时道路和临时卸车平台，以便向前、向左或向右开展新单元的填埋作业。以此方式完成一个单元层的垃圾填埋作业，然后再进行下一个单元层的垃圾填埋作业，图8-32填埋单元操作的剖面图。一般单元层坡面的坡度以 $1:2$ 为宜。

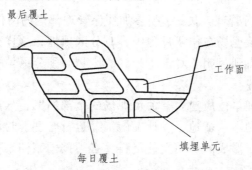

图 8-32　卫生填埋点的剖面图

4. 填埋作业后完善工作

（1）设置填埋体表面雨水排水系统，按场区雨、污分流设计，及时修筑填埋体覆盖面上的雨水沟。形成完善的排水系统，及时顺畅排走填埋区表面雨水。

（2）植被恢复，为减少中间覆盖面降水渗入，减少水土流失，改善填埋区生态景观，通常在中间覆盖斜面种植植被，亦可采用铺设绿色的 HDPE 膜，防雨水进入效果更好。

（五）安全填埋场运行与管理

在填埋场投入运行之前，要制订运行计划，此计划不仅需要满足常规运行，而且应提出应急措施，以保证填埋场的有效利用和环境安全。填埋场运行应满足的基本要求如下：

（1）入场的危险废物必须复合相关标准对废物的入场要求。

（2）散状废物入场后要进行分层碾压，每层厚度视填埋容量和场地情况而定。

（3）填埋场运行中应进行日覆盖，并视情况进行中间覆盖。

（4）应保证在不同季节气候条件下，填埋场进出口道路通畅。

（5）填埋工作面应尽可能小，使其得到及时覆盖。

（6）废物堆表面要维护最小坡度，一般为1：3（垂直与水平方向之比）。

（7）通向填埋场的道路应设栏杆和大门加以控制。

（8）必须设有醒目的标志牌，指示正确的交通路线。标志牌应满足《环境保护图形标志 固体废物贮存（处置）场》（GB15562.2—1995）的要求。

（9）每个工作日都应有填埋场运行情况的记录，应记录设备工艺控制参数，入场废物来源、种类、数量，废物填埋位置及环境监测数据等。

（10）运行机械的功能要适应废物压实的要求，为了防止发生机械故障等情况，必须有备用机械。

（11）危险废物安全填埋场的运行不能暴露在露天进行，必须有遮雨设备，以防止雨水与未进行最终覆盖的废物接触。

（12）填埋场运行管理人员，必须参加环保管理部门的岗位培训，合格后上岗。

危险废物安全填埋场在作业过程中，应分区填埋，这样可以使每个填埋区能在尽量短的时间内得到封闭。对于不相容的废物必须分区填埋，分区的顺序应有利于废物运输和填埋。

安全填埋场管理单位应建立有关填埋场的全部档案，从废物特性、废物倾倒部位、场址选择、勘察、征地、设计、施工、运行管理、封场及封场管理、监测直至验收等全过程所形成的一切文件资料，必须按国家档案管理条例进行整理与保管，保证完整无缺。

九、终场覆盖、封场和土地利用

一般封闭性填埋场在封场后30~50年才能完全稳定。无害化、规范化封场覆盖、场址修复以及严格的封场管理是保证填埋场安全运行的关键因素，是城市垃圾填埋场设计、建设和管理的重要环节。填埋场终场覆盖和场址修复一般包括以下六个方面。

（一）终场覆盖

卫生填埋场的终场覆盖系统必须考虑雨水的浸渗以及渗滤液的控制、固体废物堆体的沉降及稳定、填埋气体的迁移、植被根系的侵入以及动物的破坏、终场后的土地恢复利用等；整形后的堆体应有利于水流的收集、导排和填埋气体的安全控制与导排。应尽量减少填埋渗滤液的产生。

根据《生活垃圾卫生填埋场设计规范》的要求，终场覆盖包括黏土覆盖和人工材料覆盖两种，其基本结构见图8-33。

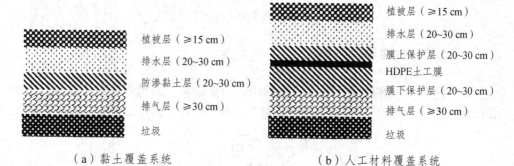

|（a）黏土覆盖系统|（b）人工材料覆盖系统|

图8-33 填埋场终场覆盖系统构面图

（二）降水收集与导排

终场覆盖后，需要排除覆盖层表面降水径流以及周边山体进入场区的水流，以减少由于雨水下渗而增加垃圾渗滤液的产生。整个雨水收集与导排系统设计需要基于整个填埋场封场后的地形地貌，防止雨水对覆盖层局部的冲刷破坏，从而影响整个填埋场的封场。填埋场截洪沟宜按梯形断面设计，并根据截洪沟所在位置的不同采用不同的结构。

垃圾填埋场周边、地质基础较好，截洪沟按图8-34（a）设计；垃圾堆体上的截洪沟按图8-34（b）设计。

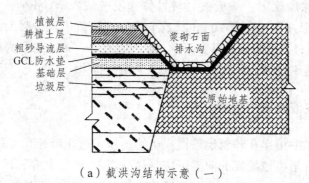

（a）截洪沟结构示意（一）

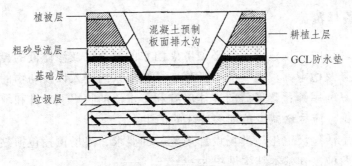

（b）截洪沟结构示意（二）

图 8-34　填埋场截洪沟工程结构示意图

（三）填埋气体导排与处理

考虑到填埋场的规模、附近环境及经济因素，对小型填埋场填埋气体，可采用 HDPE 管统一收集后用密封火炬就地燃烧处理。填埋气体收集管的结构见图 8-35。

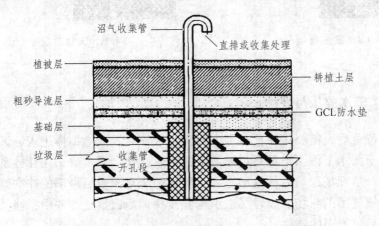

图 8-35　封场填埋场填埋气体收集管结构示意图

填埋气体在压力作用下迁移至穿孔竖管，沿竖管排出垃圾堆体。竖管长度可按垃圾堆体的深度确定，一般按垃圾堆体深度的 2/3。但不宜超过 15 m，直径100 mm，梅花形开孔，孔径 10 mm，穿孔率在保证管道机械强度的前提下尽量提高。竖管穿孔段外填 300 mm 厚卵石层，卵石直径 25～55 mm。为防止垃圾堵塞孔洞，卵石外包裹钢丝网，将卵石与管道固定在一起。

（四）渗滤液收集与处理

渗滤液收集井用穿孔预制钢筋混凝土管制作（梅花形开孔，孔径为 150 mm，穿孔率在保证管道机械前度的前提下应尽量提高）。收集井穿孔段外填 400 mm 厚卵石层，卵石直径 180～200 mm。渗滤液收集后精处理达标排放。

（五）气体及渗滤液监测井

垃圾填埋场封场后，在填埋场的上游及下游分别设置气体及渗滤液监测井，定期取样，监测填埋气及渗滤液的迁移情况，确保封场后最大限度地减少对周围环境的污染。

（六）填埋场封场后土地利用

填埋场封场后的土地利用是填埋场后期管理的重要内容。对填埋场的土地利用一般可以分为以下三个层次：高度利用，建设住宅、工厂等长期有人员生活工作的场所；中等利用，建造仓库及室外运动场所等；低度利用，进行植被恢复或建造公园的等。而采取何种利用方式的主要判断指标是填埋场的稳定化程度，填埋场稳定化程度不同其可采用的方式也不同。判断填埋场稳定化的主要指标有填埋场表面沉降速度、渗滤液水质、填埋气体释放的速率和组分、垃圾堆体的温度、填埋垃圾的矿化度等。

大型垃圾填埋场多采取区域性单元操作方式运行管理，将整个场区分为数个单元，从开始填埋到全部封场要经过几十年的时间。因此，可根据垃圾稳定化程度的不同，对填埋场的不同单元分别进行开发利用。

为保证封场后填埋场的长期安全，还需要制订周密的计划和方案，对填埋场进行例行检查、设施维护和环境监测等。

十、填埋场的环境保护和监测

（一）填埋场环境保护措施

1. 废气收集与处理

填埋区设置垂直排气石笼（兼排渗滤液）加导气管，导气管服务半径为 25 m，从而控制气体横向迁移，初期收集的气体通过排放管直接排放或燃烧后排放。

2. 污水处理

管理区的生活污水、填埋区的渗滤液经输送管送至污水调节池，然后处理。

3. 固体废物处理

（1）填埋区轻物质和尘土控制

为了防止在强风天气中垃圾飞散，除了采取覆盖措施外，还需考虑设置移动式围栏，防止轻物质飞散，可以采用钢丝编织网。另外，为防止填埋作业尘土飞扬，可利用垃圾渗滤液进行喷洒。

（2）防止垃圾运输过程中产生的污染

建设填埋场专用道路，采用密闭垃圾运输车运输垃圾，保证沿途环境不受污染。

4. 噪声控制

处理厂大部分机器设备噪声在选型上均控制在 85 dB 以下。对噪声较大的机具设备，可以采取消音、隔音和减振措施，这样可以减少机具和设备的噪声污染。

5. 臭气控制

填埋场封场后垃圾堆体中产生的气体由导气系统排除，早期收集后集中点燃，后期加以利用。

6. 保证场内环境质量

填埋区的垃圾填埋应严格按填埋工艺要求进行，每天填埋的垃圾必须当天覆盖完毕，以减少蚊蝇的滋生和老鼠的繁殖以及尘土飞扬和臭气弥漫。封场时最终覆土厚度不小于 1.0 m，其中 0.5 m 为渗透系数小于 10^{-7} cm/s 的黏土，防止雨水入渗，减少渗滤液量，其余的为营养土。

对于场外带进的或场内产生的蚊、蝇、鼠类带菌体，一方面组织人员喷药杀灭，另一方面加强生产管理，消除场内积滞污水的地带，及时清扫散落的垃圾。

填埋区和生活区都应当进行绿化，以减少灰尘及杂物的飘散，改善场区生产生活环境。

（二）填埋场的环境监测

填埋场的环境监测是填埋场管理的重要组成部分，是确保填埋场正常运行和进行环境评价的重要手段。对填埋场的监督性监测项目和频率应按照有关环境监测技术规范进行，监测记录应及时报送当地环保部门，并接受当地环保部门的监督检查。

1. 填埋场渗滤液监测

利用填埋场的每个集水井进行水位和水质监测。

采样频率：应根据填埋物特性、覆盖层和降水等条件加以确定，应能充分反映填埋场渗滤液变化情况。渗滤液水质和水位监测频率应至少每月一次。

2. 地下水监测

（1）地下水监测井的布设应满足下列要求。

① 在填埋场上游应设置一眼监测井，以取得背景水源数值。在下游至少设置三眼井，组成三维监测点，以适应下游地下水的羽流几何型流向（见图 8-36）；

② 监测井应设置在填埋场的实际最近距离上，并且位于地下水上游相同水力坡度上；

③ 监测井深度应足以采取具有代表性的样品，图 8-37 为监测井的结构。

（2）取样频率：填埋场运行的第一年，应每月至少采样一次；在正常情况下，采样频率为每季度至少一次。

发现地下水水质出现变坏现象时，应加大采样频率，并根据实际情况增加监测项目，查出原因以便进行补救。

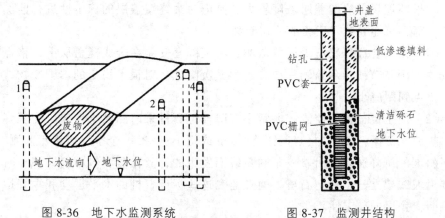

图 8-36　地下水监测系统　　　　　　　　图 8-37　监测井结构

3. 地表水监测

地表水监测是对填埋场附近的地表水进行监测，其目的是为了确定地表水体是否受到填埋场的污染。地表水监测主要是在靠近填埋场的河流、湖泊中采用进行分析。采样频率和监测项目根据场地的监测计划和环保部门的要求确定。

4. 气体监测

填埋场气体监测包括场区大气监测和填埋气体监测，其目的是了解填埋气体的排出情况和周围大气的质量状况。

采样点的布设及采样方法按照 GB16297 的规定进行。

污染源下风向应为主要监测范围。

超标地区、人口密度大和距工业区近的地区加大采样点密度。

采样频率：填埋场运行期间，应每月采用一次，如出现异常，采用频率应适当增加。

5. 土壤监测

土壤环境监测的目的在于了解填埋场渗滤液排放和垃圾散落对周围土壤的污染情况。监测项目包括 pH 值、有机质、总氮、总磷、总钾、总硫、氨氮、重金属及大肠菌群值等。

监测频次：一般每年监测一次。

6. 最终覆盖层的稳定性监测

如果填埋场最终覆盖层坡度较大，则应对最终覆盖层的稳定性进行监测。过度的沉降，可能导致合成膜的剪切断裂。

（1）人工合成材料覆盖层的监测：将沉降套安装在合成覆盖层上，格点间隔 30 m，一个季节或半年监测一次，观察其沉降性。对很不稳定的填埋废物，如污泥，格点间距应小一些。

（2）黏土覆盖层的监测：通常用沉降标记石桩来监测黏土覆盖层的沉降。标记石桩放在侧面斜坡上，格点间距为 30 m 或更小一些，一个季度或半年监测一次。由于斜坡的沉降通常是沿着一条圆弧线而发生的，故在监测侧面斜坡沉降时，至少要沿坡线建立三个标记石桩，通过监测这些标记石桩的水平运动和垂直运动，以判断覆盖层的稳定性。

任务九 分类收集对卫生填埋体
垃圾压实密度的影响

❖ 任务描述 ❖

根据我国部分城市生活垃圾的组成，现以 1000 kg 混合垃圾的填埋量为例，比较分类收集对填埋体垃圾密度的影响。表 8-16 列出分类收集对填埋体垃圾密度的影响。

表 8-16　分类收集对填埋体垃圾密度的影响

垃圾组分	组分含量/kg	丢弃时的体积/m³	压实系数	压实后的填埋体体积/m³
厨余	512.5	2.61	0.30	0.783
果皮	128.0	1.39	0.20	0.278
纸类	87.7	0.81	0.18	0.1458
塑料	104.8	1.12	0.12	0.1344
纤维	19.0	0.135	0.18	0.0243
竹木	12.7	0.09	0.33	0.0297
绿化垃圾	45.5	0.315	0.25	0.07875
玻璃	51.5	0.36	0.50	0.18
金属类	7.3	0.045	0.30	0.0135
砖石渣土	13.7	0.135	0.80	0.108
其他	17.3	0.135	0.30	0.0405
总计	10000	7.145	3.46	1.81595

❖ 实施方法 ❖

（1）未经分类收集，直接混合填埋时垃圾压实密度为

$$\rho_{混合} = m/V = 1000 \text{ kg}/1.181\ 595 \text{ m}^3 = 550.7 \text{ kg/m}^3$$

（2）假定上述垃圾中，纸类的 50%、塑料的 30%、玻璃的 80%、金属类的 60% 可经分类回收后加以利用，则待填埋的垃圾量变为

$$m = 1000 - (87.7 \times 0.5 + 104.8 \times 0.3 + 51.5 \times 0.8 + 7.3 \times 0.6) = 879.13 （\text{kg}）$$

需要的填埋容积为

$$V = 1.815\ 95 - (0.1458 \times 0.5 + 0.1344 \times 0.3 + 0.18 \times 0.8 + 0.0135 \times 0.6) = 1.550\ 63 （\text{m}^3）$$

因此，经分类收集后，填埋体的压实密度为

$$\rho_{分类} = m/V = 879.13 \text{ kg}/1.550\ 63 \text{ m}^3 = 566.95 \text{ kg/m}^3$$

（3）$\Delta\rho = \rho_{分类} - \rho_{混合} = 566.95 \text{ kg/m}^3 - 550.7 \text{ kg/m}^3 = 16.25 \text{ kg/m}^3$

$$\Delta\rho / \rho_{分类} (\%) = 16.25/566.95 \times 100\% = 2.87\%$$

$$\Delta V = 1.815\ 95 \text{ m}^3 - 1.550\ 63 \text{ m}^3 = 0.265\ 32 \text{ m}^3$$

$$\Delta m = 1000 \text{ kg} - 978.13 \text{ kg} = 120.87 \text{ kg}$$

由以上比较可知，1000 kg 初始的混合垃圾分类收集后，填埋体内的压实密度增加了 2.87%，既节省了 0.265 32 m³ 的填埋空间，又可获得 120.87 kg 的有用组分。

任务十 填埋场容量设计

❖ 任务描述 ❖

一个有 100 000 人口的城市，平均每人每天产生垃圾 2.5 kg，如果采用卫生土地填埋处置，覆土与垃圾体积之比为 1∶4，垃圾体积减小率为 0.20，填埋后废物压实密度为，800 kg/m³，试求 1 年填埋废物的体积。如果填埋高度为 7.5 m，一个服务期为 30 年的填埋场占地面积为多少？总容量为多少？

❖ 实施方法 ❖

1 年填埋废物的体积为

$$V_1 = (1-f) \times \frac{365 \times W}{\rho} + \frac{365 \times W}{\rho} \times \varphi$$

$$= (1-0.20) \times \frac{365 \times 100\,000 \times 2.5}{800} + \frac{365 \times 100\,000 \times 2.5}{800} \times 0.25$$

$$= 119\,765.625\,(\text{m}^3)$$

如果不考虑该城市垃圾产生量随时间的变化，则运营 20 年所需库容为

$$V_{30} = 30 \times V_1 = 30 \times 119\,765.625 = 3\,592\,968.75\,(\text{m}^3)$$

如果填埋高度为 7.5m，填埋场占地面积的修正系数为 1.10，则填埋场占地面积为

$$A_{30} = 1.10 \times 3\,592\,968.75/7.5 = 526\,968.75\,(\text{m}^2)$$

任务十一 填埋场污水处理设施能力设计

❖ 任务描述 ❖

某填埋场总面积为 3.0 hm²，分三个区进行填埋。目前已有两个区填埋完毕，其总面积 $A_2 = 2.2$ hm²，浸出系数 $C_2 = 0.2$。另有一个区正在进行填埋施工，填埋面积 $A_1 = 0.8$ hm²，浸出系数 $C_1 = 0.5$。当地的年平均降雨量为 3.5 mm/d，最大月降水

量的日换算值为 6.5 mm/d。求污水处理设施的处理能力。

❖ **实施步骤** ❖

水处理能力的确定：

$$Q=Q_1+Q_2=I\times(C_1\times A_1+C_2\times A_2)\times 1/1000$$

平均渗滤液量：

$$Q=3.5\times(0.5\times 8000+0.2\times 22\,000)\times 1/1000=29.4\,(\text{m}^3/\text{d})\approx 30\,\text{m}^3/\text{d}$$

最大渗滤液量：

$$Q=6.6\times(0.5\times 8000+0.2\times 22\,000)\times 1/1000=54.6\,(\text{m}^3/\text{d})\approx 60\,\text{m}^3/\text{d}$$

因此，水处理能力应在 30～60m³/d 选取。

任务十二　填埋场渗滤液渗漏量的计算

❖ **任务描述** ❖

某垃圾填埋场库区底部拟采用复合衬垫防渗层，膜下防渗保护层黏土厚度 110 cm，采用的 HDPE 地膜厚度为 1.6 mm，平均每 4047 m² 有一个破损孔（圆形），单孔面积为 1 cm²，防渗衬垫上渗滤液水头高度为 30cm。请计算：①若填埋场底部防渗层面积为 40 500 m²，在未铺设 HDPE 地膜，渗透系数符合标准最低规定时，该黏土防渗层的渗滤液渗漏量。②若地膜破损小孔渗流系数为 0.6，计算 HDPE 地膜的渗漏率[m³/（m²·d）]。

❖ **实施步骤** ❖

（1）根据题意，该系统为黏土单衬层系统，黏土层符合标准要求的渗透系数不应大于 10^{-7} cm/s，因此，其渗滤液渗漏量的计算如下：

$$Q=qA=K_s\times\frac{H+L}{L}\times A$$
$$=10^{-7}\times\frac{0.3+1.1}{1.1}\times 40\,500\times 10^4=51.55\,(\text{cm}^3/\text{s})$$

（2）根据题意，该系统为 HDPE 地膜单衬层系统，按伯努利方程可以计算渗滤液的渗流量，如下：

$$Q = \xi \times a \times \sqrt{2gH} = 0.6 \times 1 \times \sqrt{2 \times 981 \times 30} = 145.6 \left(cm^3/s \right) \left(合12.6m^3/d \right)$$

HDPE 地膜的渗漏率为单位面积土工膜的渗漏量，计算如下：

$$\eta = \frac{Q}{A} = \frac{12.6}{4047} = 3.11 \times 10^{-3} \left[m^3/(m^2 \cdot d) \right]$$

思考与练习 **?**

（1）有一个生活垃圾卫生填埋场，平均日处置垃圾量为 1800 t/d，使用期限为 25 年，填埋垃圾密度为 1.2 t/m³，覆土占填埋场容积比为 10%，填埋高度为 30m，垃圾沉降系数为 0.5，占地面积利用系数为 0.85。试计算填埋场规划占地面积为多少？总容量为多少？如果填埋场总容量一定（填埋面积及高度不变），用哪些措施可以扩大垃圾的填埋量。

（2）填埋场面积 10 hm²，上游流域面积为 32 hm²，下游流域面积为 0.80 hm²，径流系数为 0.4，按 20 年一遇的降雨量重现期计算降雨强度，排洪沟 n=0.0225，i=0.002，请计算该填埋场排洪沟的尺寸。

（3）某垃圾填埋场 1995 年开始运行，到 2010 年，填埋垃圾总量约为 200 万立方米，填埋场占地面积 9.20 hm²，现欲对此进行封场，请指定填埋气体和渗滤液的控制方案。

（4）请简要分析卫生填埋场产生渗滤液的主要特点，渗滤液的处理技术有哪些？

（5）请说明填埋场选址应遵循的主要原则和选址的步骤。

综合实训七　城市垃圾填埋场生产实训

1. 实训题目

城市垃圾填埋场生产实训。

2. 实训任务

（1）了解垃圾填埋的工艺流程、设备设施的运行、操作条件、运行参数和综合利用。

（2）了解企业的管理和规划。

（3）了解主要设备和工艺设计、设施设备的维修和保养等。

3. 实训内容

（1）岗位一：填埋场选址
① 填埋场的地理位置，与中心城区的距离、方位，与最近居民点的距离、方位；
② 交通道路；
③ 填埋场所在区域及填埋场的地形、地貌、地质情况；
④ 填埋场的面积、溶剂，每天处理能力及使用年限；
⑤ 覆盖土的来源；
⑥ 气象条件包括年均风速、最大风速，主导风向，平均气温，最高月平均气温，最低月平均气温，降水量，湿度等；
⑦ 周围地表水基本情况调查，地下水基本情况调查；
⑧ 周围植被调查。
（2）岗位二：填埋操作
① 填埋方法，填埋单层厚度，单元宽度、长度，填埋平面布置（图），里面布置（图）；
② 覆盖土厚度；
③ 每天处理的垃圾质量与填埋体积；
④ 填埋顺序；
⑤ 填埋使用的机械设备，设备的填埋操作步骤；
⑥ 填埋场的水平和垂直防渗措施（绘制防渗工程结构的示意图）；
⑦ 垃圾渗滤液收集系统和排放去向，有渗滤液处理系统的设置独立的实习岗位（见岗位三）；
⑧ 填埋气体排放系统；
⑨ 防洪系统；
⑩ 垃圾组分分析，垃圾渗滤液水质分析，填埋气体成分分析。
（3）岗位三：渗滤液处理
① 垃圾渗滤液的产生量、特点；
② 渗滤液的收集系统；
③ 渗滤液的处理工艺及参数等；
④ 渗滤液处理设备的运行与管理；
⑤ 渗滤液处理后的监测及排放。

4. 实训要求

（1）严格遵守企业管理和安全方面的各项规定。

（2）未经实训指导师傅允许严禁触碰各种机械、开关等。

（3）按班级人数分成4~6组，选出小组负责人。负责人组织本组学生进行生产性实训，认真统计出勤情况。

（4）以小组为单位完成实训报告。

5. 考核方法

首先进行自评，根据资料和同学的报告进行评价，小组再互相评价，分析出各自的优缺点，最后教师对其进行点评。

参考文献

[1] 全国勘察设计注册工程师环保专业管理委员会，中国环境保护产业协会．注册环保工程师专业考试复习教材（第二分册）[M]．3 版．北京：中国环境科学出版社，2011．

[2] 王晓昌，张承中．环境工程学[M]．北京：高等教育出版社，2011．

[3] 沈伯雄．固体废物处理与处置[M]．北京：化学工业出版社，2011．

[4] 王黎．固体废物处置与处理[M]．北京：冶金工业出版社，2014．

[5] 聂永丰．固体废物处理工程技术手册．[M]北京：化学工业出版社，2012．

[6] 罗琳，颜智勇．环境工程学[M]．北京：冶金工业出版社，2014．

[7] 杨慧芬，张强．固体废物资源化[M]．北京：化学工业出版社，2004．

[8] 朱能武．固体废物处理与利用[M]．北京：北京大学出版社，2006．

[9] 赵由才，牛冬杰，柴晓利．固体废物处理与资源化[M]．北京：化学工业出版社，2012．

[10] 曾现来，张永涛，苏少林．固体废物处理处置与案例[M]．北京：中国环境科学出版社，2011．

[11] 孙秀云．固体废物处置及资源化[M]．南京：南京大学出版社，2007．

[12] 蒋建国．固体废物处置与资源化[M]．北京：化学工业出版社，2008．

[13] 李培生．固体废物的焚烧和热解[M]．北京：中国环境科学出版社，2006．

[14] 石光辉．土壤及固体废物监测与评价[M]．北京：中国环境科学出版社，2008．

[15] 李国学．固体废物处理与资源化[M]．北京：中国环境科学出版社，2005．

[16] 宋立杰，赵天涛，赵由才．固体废物处理与资源化实验[M]．北京：化学工业出版社，2008．

[17] 李永峰，王璐，徐菁利．固体废物污染控制工程习题集[M]．上海：上海交通大学出版社，2009．

[18] 李永峰，陈红，徐菁利．固体废物污染控制工程简明教程[M]．上海：上海交通大学出版社，2009．

[19] 牛冬杰，孙晓杰，赵由才．工业固体废物处理与资源化[M]．北京：冶金工业出版社，2007．

[20] 牛冬杰，魏云梅，赵由才．城市固体废物管理[M]．北京：中国城市出版社，2012．

[21] 边炳鑫，赵由才. 农业固体废物的处理与综合利用[M]. 北京：化学工业出版社，2005.

[22] 胡华锋，介晓磊. 农业固体废物处理与处置技术[M]. 北京：中国农业大学出版社，2009.

[23] 赫英臣，等. 德国固体废物地下处置技术[M]. 北京：冶金工业出版社，2010.

[24] 边炳鑫. 固体废物预处理与分选技术[M]. 北京：化学工业出版社，2005.

[25] 徐晓军，管锡君，羊依金. 固体废物污染控制原理与资源化技术[M]. 北京：冶金工业出版社，2007.

[26] 赵由才. 实用环境工程手册：固体废物污染控制与资源化[M]. 北京：化学工业出版社；北京：环境科学与工程出版中心，2002.

[27] 王洪涛，陆文静. 农村固体废物处理处置与资源化技术[M]. 北京：中国环境科学出版社，2006.

[28] SURAMPALLI R Y，BANERJI S K. Microbiological stabilization of sludge by aerobic digestion and storage[J]. Environmental Engineering，1993，119（3）：493-505.

[29] 宋玉栋，胡洪营. 自热式高温好氧消化技术用于污泥处理[J]. 中国给水排水，2005，21（6）：20-24.